ATLAS
Geográfico

Universal

2ª Edição

Editora
Pé da letra

Cotia 2018

CIP-BRASIL. CATALOGAÇÃO NA PUBLICAÇÃO
SINDICATO NACIONAL DOS EDITORES DE LIVROS, RJ

M662a

   Misse, James, 1968-
  Atlas geográfico universal / James Misse. - 1. ed. - Cotia, SP : Pé da Letra, 2016.
  48 p. : il. ; 28 cm.

  Inclui índice
  ISBN: 978-85-952-0007-4

  1. Atlas. 2. Geografia política - Mapas. I. Título.

16-38490   CDD: 912
                                    CDU: 912

09/12/2016   12/12/2016

Sumário

Definições Importantes..04	Brasil Físico..27
Planisfério Político..06	Brasil Densidade Demográfica.............................28
Planisfério Densidade Demográfica......................18	Brasil Temperaturas...30
Planisfério Preservação Ambiental.......................10	Brasil Bacias Hidrográficas..................................31
América do Sul Político...12	Brasil Chuvas..32
América do Norte Político.....................................13	Brasil Climas...33
África Político..14	Brasil Vegetação...34
Ásia Político..15	Símbolos Nacionais..36
Europa Político..16	Bandeiras Nacionais...37
Oceania Político..17	Região Norte Político..38
Antártica Polo Sul..18	Região Nordeste Político....................................40
Calota Polar Ártica Polo Norte..............................19	Região Sudeste Político......................................42
Planisfério Físico...20	Região Centro-Oeste Político..............................44
Bandeiras Mundiais...21	Região Sul Político..46
Brasil Político..26	Hino Nacional Brasileiro......................................48

Definições importantes

O QUE É UM ATLAS?

É um conjunto de mapas ou cartas geográficas. O termo também se aplica a um conjunto de dados sobre determinado assunto, sistematicamente organizados e servindo de referência para a coleta de informações de acordo com a necessidade.

O QUE É CARTOGRAFIA?

Como sabemos, é a área do conhecimento responsável pela elaboração e estudo dos mapas e representações cartográficas em geral, incluindo plantas, croquis e cartas gráficas. Essa área do conhecimento é de extrema utilidade não só para os estudos em Geografia, mas também em outros campos, como a Historia e a Sociologia.

Existem alguns conceitos básicos de Cartografia que nos permitem entender os elementos dessa área de estudos com uma maior facilidade. Saber, por exemplo, noções como as de escala, legenda e projeções auxilia-nos a identificar com mais facilidade as informações de um mapa e as formas utilizadas para elaborá-lo.

CONCEITOS DA CARTOGRAFIA:

Mapa – um mapa é uma representação reduzida de uma determinada área do espaço geográfico. Um mapa temático, por sua vez, é uma representação de um espaço realizada a partir de uma determinada perspectiva ou tema, que pode variar entre indicadores sociais, naturais e outros.
Escala – é a proporção entre a área real e a sua representação em um mapa. Geralmente, aparece designada nos próprios mapas na forma numérica e/ou na forma gráfica.
Legenda – é a utilização de símbolos em mapas para definir algumas representações e está sempre presente em mapas temáticos. Alguns símbolos cartográficos e suas legendas são padronizados para todos os mapas, como o azul para designar a água e o verde para indicar uma área de vegetação, entre outros.
Plantas – representação cartográfica realizada a partir de uma escala muito grande, com uma área muito pequena e um nível de detalhamento maior. É muito utilizada para representar casas e moradias em geral, além de bairros, parques e empreendimentos.
Croqui – é um esboço cartográfico de uma determinada área ou, um mapa produzido sem escala e sem os procedimentos padrões de elaboração, servindo apenas para a obtenção de informações gerais de uma área.

Hipsometria – ou altimetria, é o sistema de medição e representação das altitudes de um determinado ambiente e suas formas de relevo. Portanto, um mapa hipsométrico ou altimétrico é um mapa que define por meio de cores e tons as diferenças de altitude em uma determinada região.

Orientação – é a determinação de ao menos um dos pontos cardeais, importante para representar a direção da área de um mapa. Alguns instrumentos utilizados na determinação da orientação cartográfica são a Rosa dos Ventos, a Bússola e o aparelho de GPS.

Projeções Cartográficas – são o sistema de representação da Terra, que é geoide e quase arredondada, em um plano, de forma que sempre haverá distorções. No sistema de projeções cartográficas, utiliza-se a melhor estratégia para definir quais serão as alterações entre o real e a representação cartográfica com base no tipo de mapa a ser produzido.

Paralelos – são as linhas imaginárias traçadas horizontalmente sobre o planeta ou perpendiculares ao eixo de rotação terrestre. Os principais paralelos são a Linha do Equador, os Trópicos de Câncer e Capricórnio e os Círculos Polares Ártico e Antártico. Todo paralelo da Terra possui um valor específico de latitude, que pode variar de 0º a 90º para o sul ou para o norte.

Latitude – é a distância, medida em graus, entre qualquer ponto da superfície terrestre e a Linha do Equador, que é um traçado imaginário que se encontra a uma igual distância entre o extremo norte e o extremo sul da Terra.

Longitude – é a distância, medida em graus, entre qualquer ponto da superfície terrestre e o Meridiano de Greenwich, outra linha imaginária que é empregada para definir a separação dos hemisférios leste e oeste.

Meridianos – são as linhas imaginárias traçadas verticalmente sobre o planeta ou paralelas ao eixo de rotação terrestre. O principal meridiano é o de Greenwich, estabelecido a partir de uma convenção internacional. Todo meridiano da Terra possui um valor específico de longitude, que pode variar entre 0º e 180º para o leste ou para o oeste.

Coordenadas Geográficas – é a combinação do sistema de paralelos e meridianos com base nas longitudes e as latitudes para endereçar todo e qualquer ponto da superfície terrestre.

SIG – sigla para "Sistemas de Informações Geográficas", é o conjunto de métodos e sistemas que permitem a análise, coleta, armazenamento e manipulação de informações sobre uma dada área do espaço geográfico. Utiliza, muitas vezes, técnicas e procedimentos tecnológicos, incluindo softwares, imagens de satélite e aparelhos eletrônicos em geral.

Curvas de Nível – é uma linha ou curva imaginária que indica os pontos e áreas localizados sob uma mesma altitude e que possui a sua designação altimétrica feita por números representados em metros.

Aerofotogrametria – é o registro de imagens a partir de fotografias áreas, sendo muito utilizado para a produção de mapas.

6

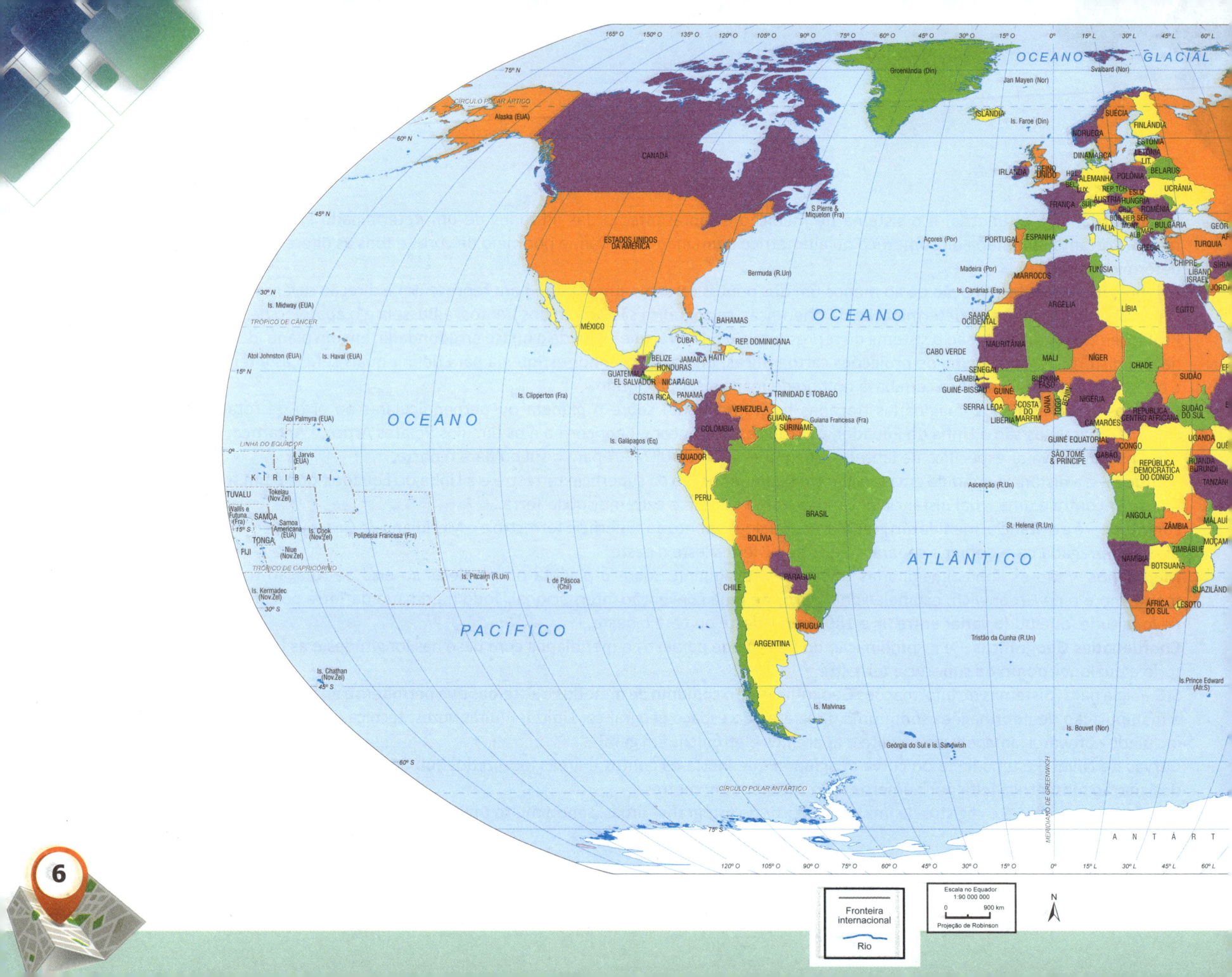

Planisfério

Político

Países mais extensos do mundo

País	Extensão (milhões de Km2)
Federeção Russa	17.075.400
Canadá	9.970.610
China	9.542.900
Estados Unidos	9.372.614
Brasil	8.514.205

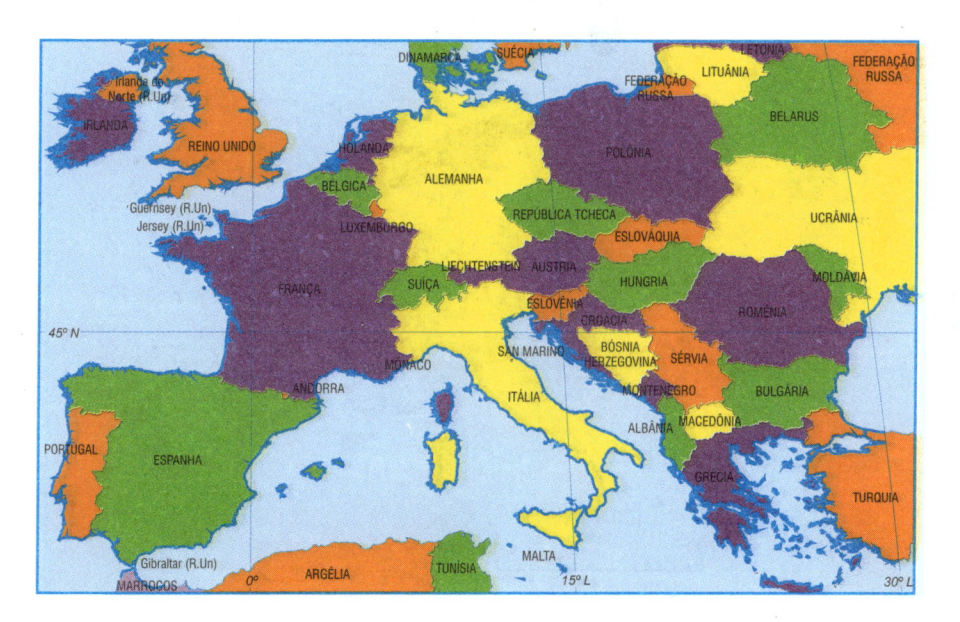

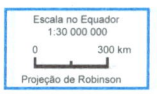

Escala no Equador
1:30 000 000
0   300 km
Projeção de Robinson

ESCALA
700 0   1 400 km
PROJEÇÃO DE ECKERT III

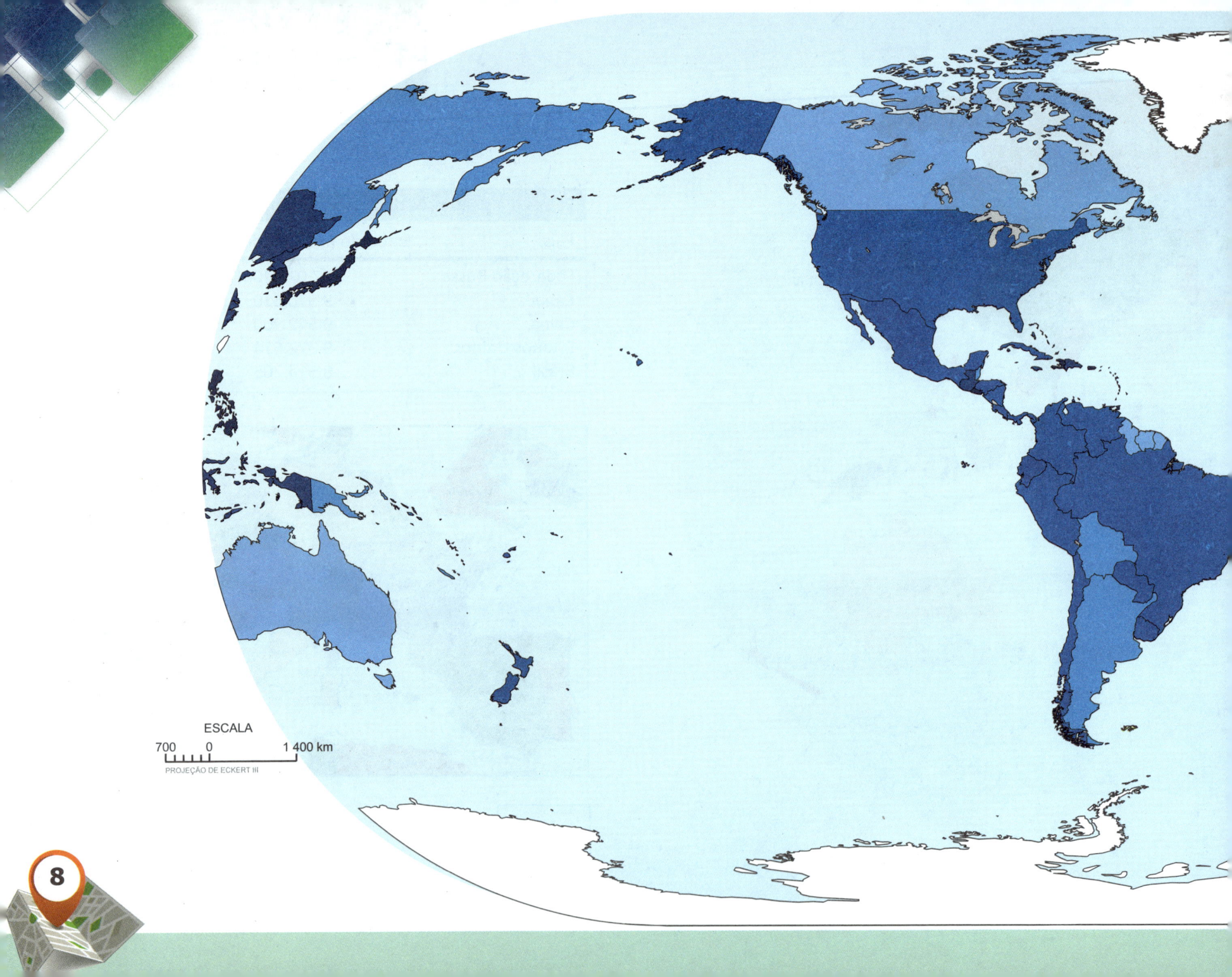

8

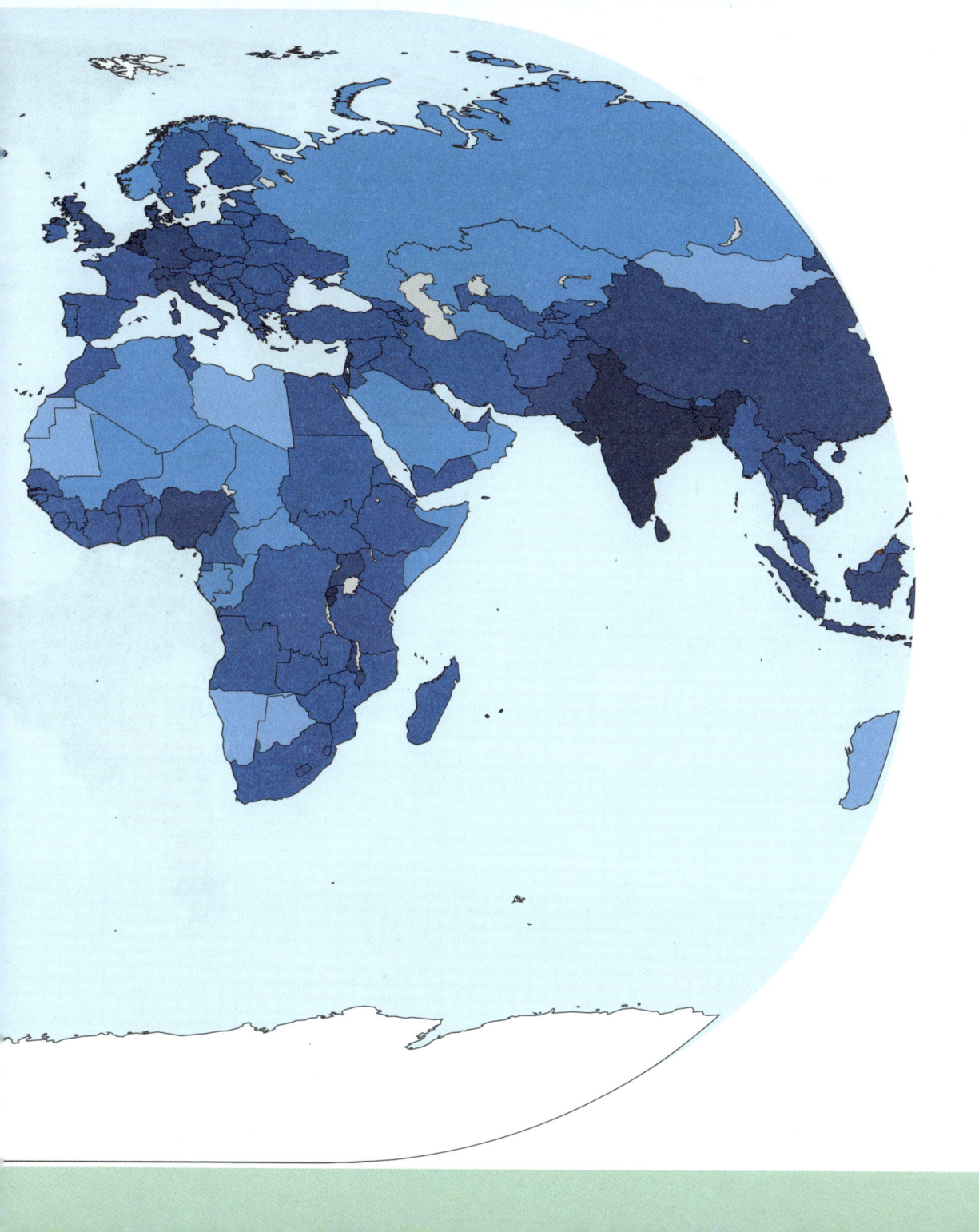

Planisfério

Densidade demográfica

Densidade demográfica (hab./km)

- menos de 5
- de 5 a 15
- de 15 a 45
- de 45 a 120
- de 120 a 270
- mais de 270
- sem dados

Círculo Polar Ártico

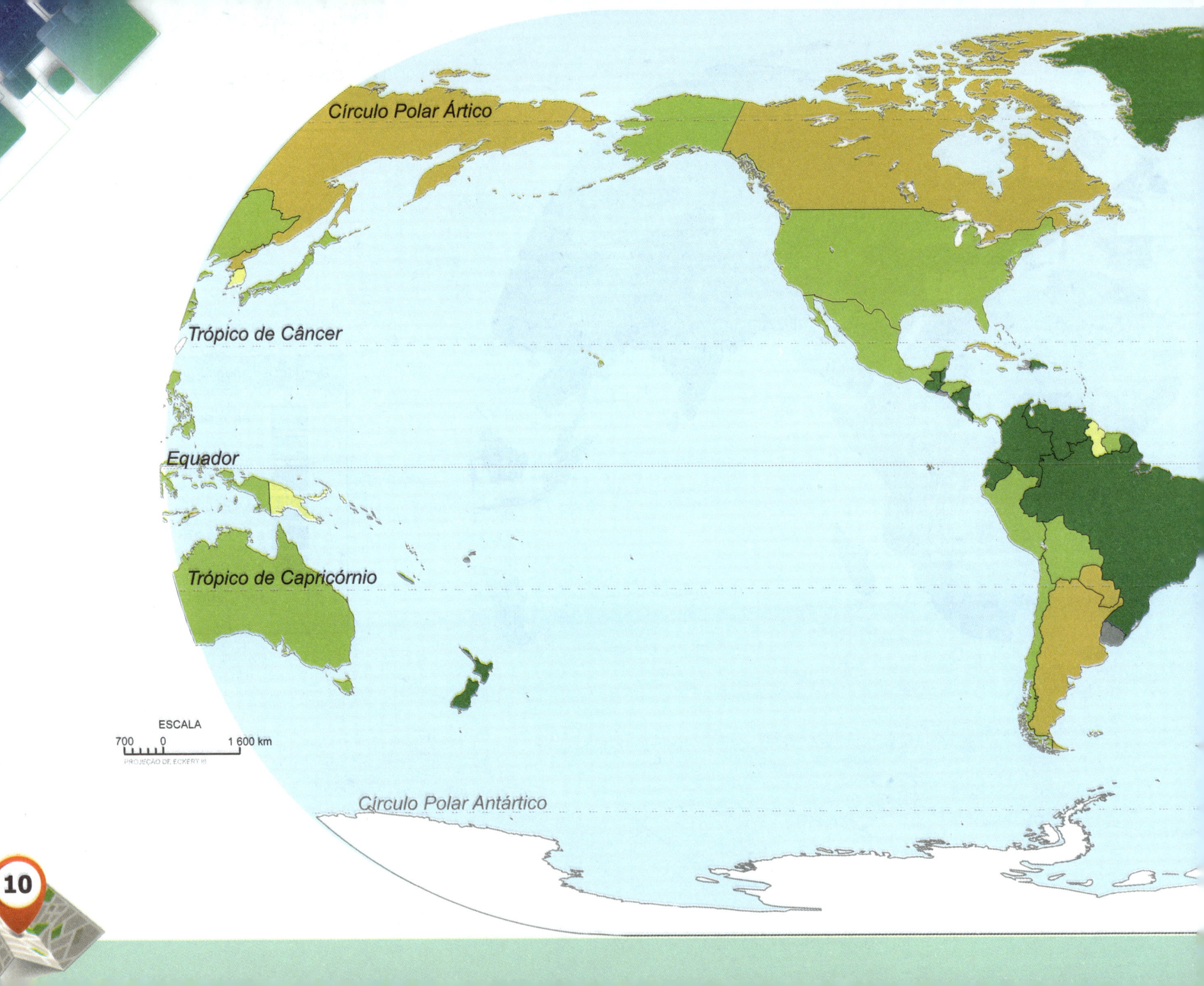

Trópico de Câncer

Equador

Trópico de Capricórnio

ESCALA
700 0   1 600 km
PROJEÇÃO DE ECKERT III

Círculo Polar Antártico

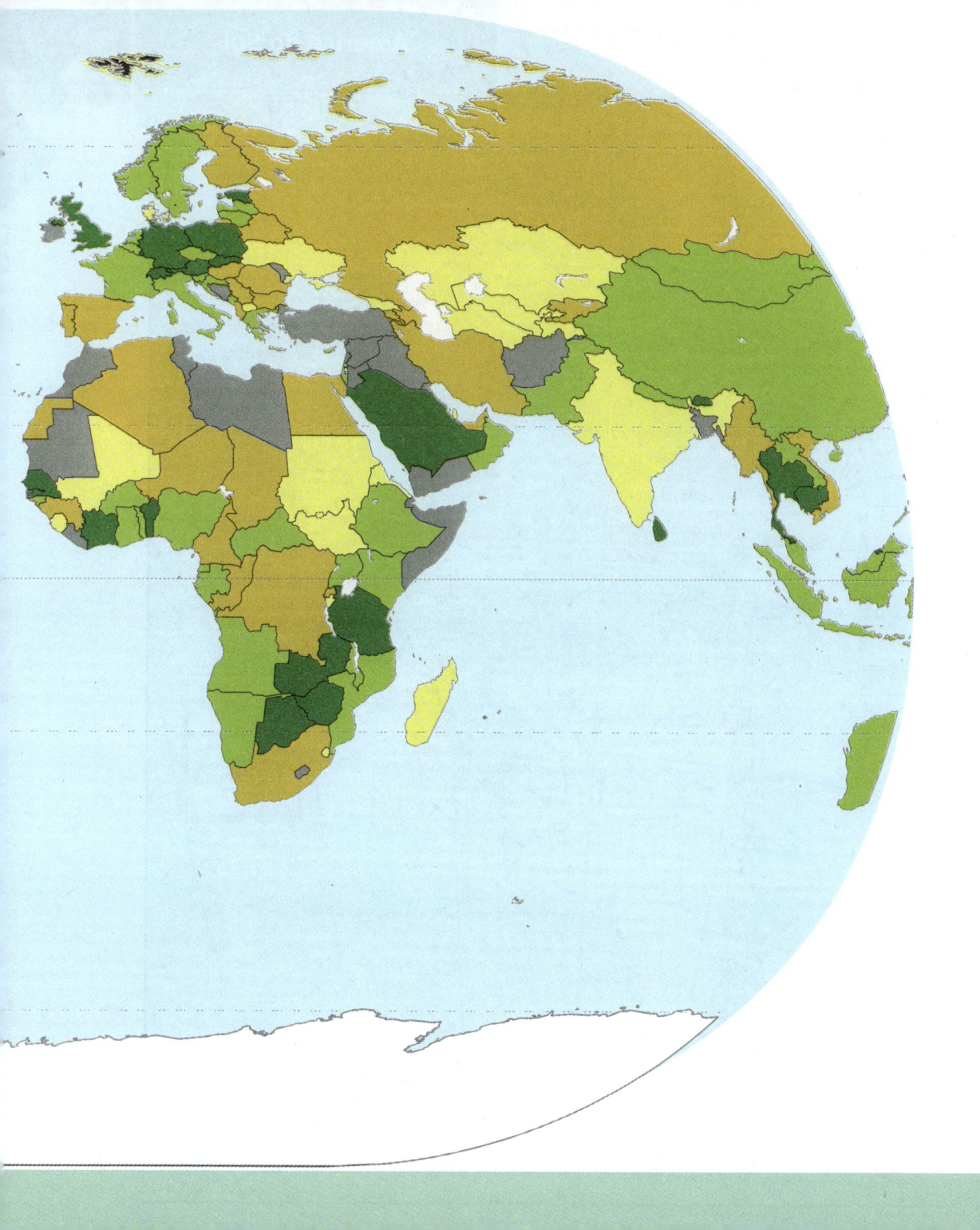

Planisfério

Preservação ambiental

Total do território nacional (%)
- menos de 2
- de 2 a 5
- de 5 a 10
- de 10 a 20
- mais de 20
- sem dados

América do Sul

Político

A parte da América do Sul que fica entre os trópicos (Câncer e Capricórnio), tem grande densidade pluviométrica, que, entretanto, é pequena em certas regiões, como no Nordeste do Brasil. A temperatura média nesta área é de quase 30 graus centígrados durante todo o ano. Ao sul do continente o clima torna-se mais fresco e seco, e na Patagônia, no extremo-sul, faz muito frio. Um importante deserto marca esta região: o deserto do Atacama que localiza-se no Chile.

LEGENDA
- ◉ Capital
- ● Sede municipal
- — Limite internacional

Projeção Policônica

América do Norte

Político

Na América do Norte localiza-se a maior ilha do mundo, a Groenlândia, bem como o segundo maior país do planeta, o Canadá. Na América Central tem origem a civilização maia, uma incrível sociedade que se destacou pelos avanços demonstrados na arte, na arquitetura, na matemática, bem como na medicina.

LEGENDA
- ◉ Capital
- ● Sede municipal
- — Limite internacional

Projeção Cônica de Lambert

O continente africano é um dos que possuem a maior quantidade de etnias do planeta. Antes da colonização realizada pelos europeus, existiam mais de duas mil civilizações diferentes! Sua extensão territorial é de mais de 30 milhões de km² e a população está estimada em 1,2 bilhões de habitantes.

É o continente que possui o maior número de países: 54, ao total. Dentre eles, podemos destacar o Egito, a Tunísia, a Nigéria e a África do Sul.

LEGENDA
- ◉ Capital
- ● Sede municipal
- ——— Limite internacional

Projeção de Robinson

África
Político

Além de ser o maior dos continentes, é também o que possui a maior população do planeta. Sua área total é de quase 45 milhões de km² e a população atual está estimada em 4,5 bilhões de pessoas. Na Ásia encontra-se o ponto mais alto do mundo, o Monte Everest, com 8.848m de altura.

Entre os 53 países que fazem parte da Ásia, podemos citar: China, Índia e a maior parte de Rússia. Apresenta as relações políticas mais conflituosas do mundo: o Oriente Médio.

Ásia
Político

LEGENDA
- ◉ Capital
- ● Sede municipal
- ----- Limite internacional

Projeção Cônica de Lambert

Europa

Político

Apesar de ser um dos menores continentes, a Europa é o mais importante politicamente. Foi a partir dela que se constituiu e se expandiu o sistema capitalista e seus valores econômicos, sociais, políticos e culturais. As ciências também são, em sua maior parte, oriundas desse continente.

A Extensão territorial é de mais de 10 milhões de km² e a população é de aproximadamente 800 milhões de habitantes.

LEGENDA
- ◉ Capital
- ● Sede municipal
- —— Limite internacional

Projeção Cônica Equidistante

Oceania

Político

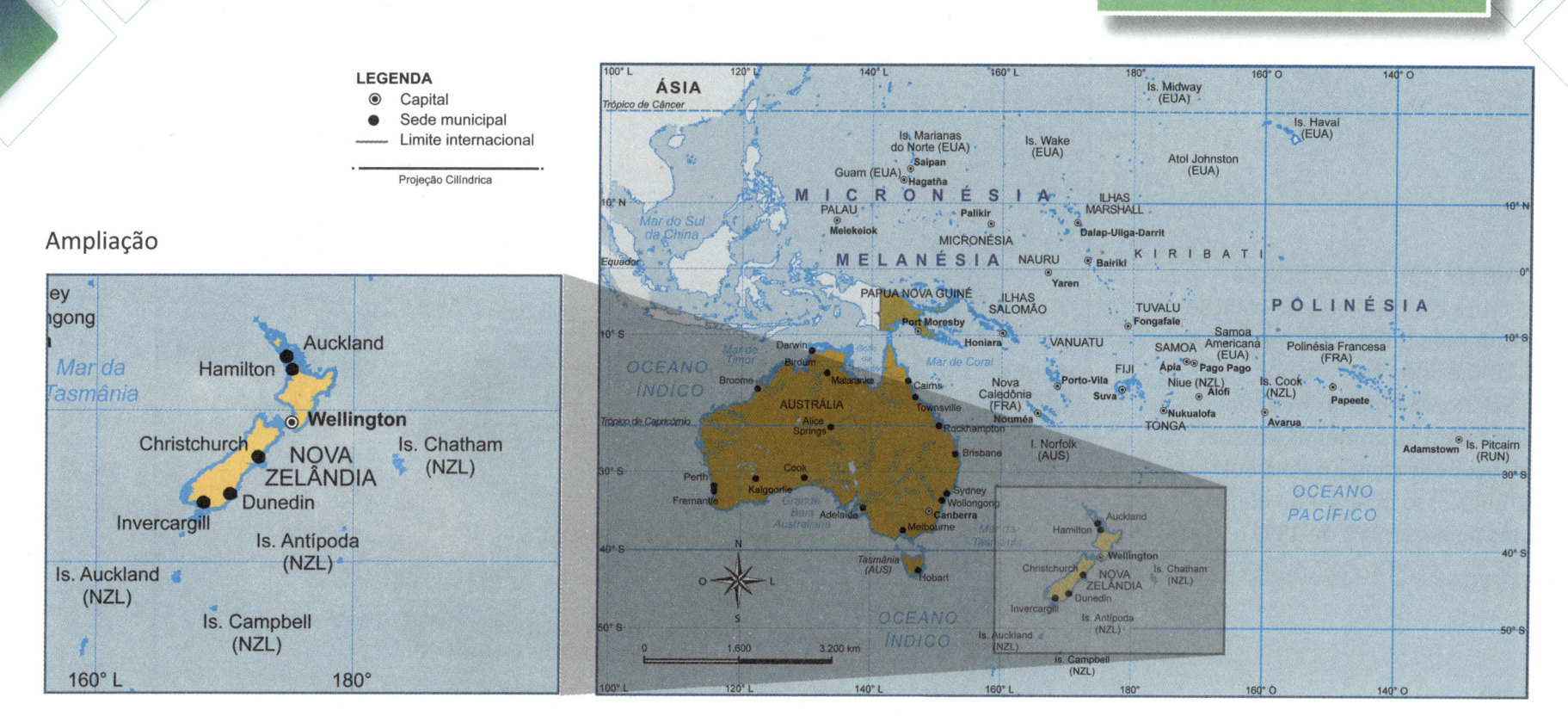

LEGENDA
- ⊙ Capital
- ● Sede municipal
- —— Limite internacional

Projeção Cilíndrica

Ampliação

É chamada pelos europeus de "novíssimo mundo", foi o último local do planeta a ser colonizado por eles. Com 14 países distribuídos por mais de 8 milhões de km² a maioria deles é formada por arquipélagos. A população total do continente é de aproximadamente 40 milhões de pessoas.

O continente mais isolado do mundo é composto pela Austrália, Nova Zelândia e Papua Nova Guiné. Sua configuração corresponde a um enorme arquipélago, com formação derivada de erupções vulcânicas. É cercado pelo Oceano Índico a oeste e Pacífico a norte, leste e sul.

Dentre os países que fazem parte da Oceania são destaque a Austrália, a Nova Zelândia e o Taiti.

Antártica
Polo Sul

O ponto em que a superfície da Terra cruza com seu eixo de rotação é considerado o Polo Sul Geográfico, mais conhecido somente por Polo Sul. Roald Amundsen e sua equipe foram as primeiras pessoas a conseguirem atingir o Polo Sul geográfico. Isso ocorreu no dia 14 do mês de dezembro de 1911.

LEGENDA
- Limite mínimo do gelo oceânico (verão)
- Limite máximo do gelo oceânico (inverno)

Projeção Azimutal Equidistante

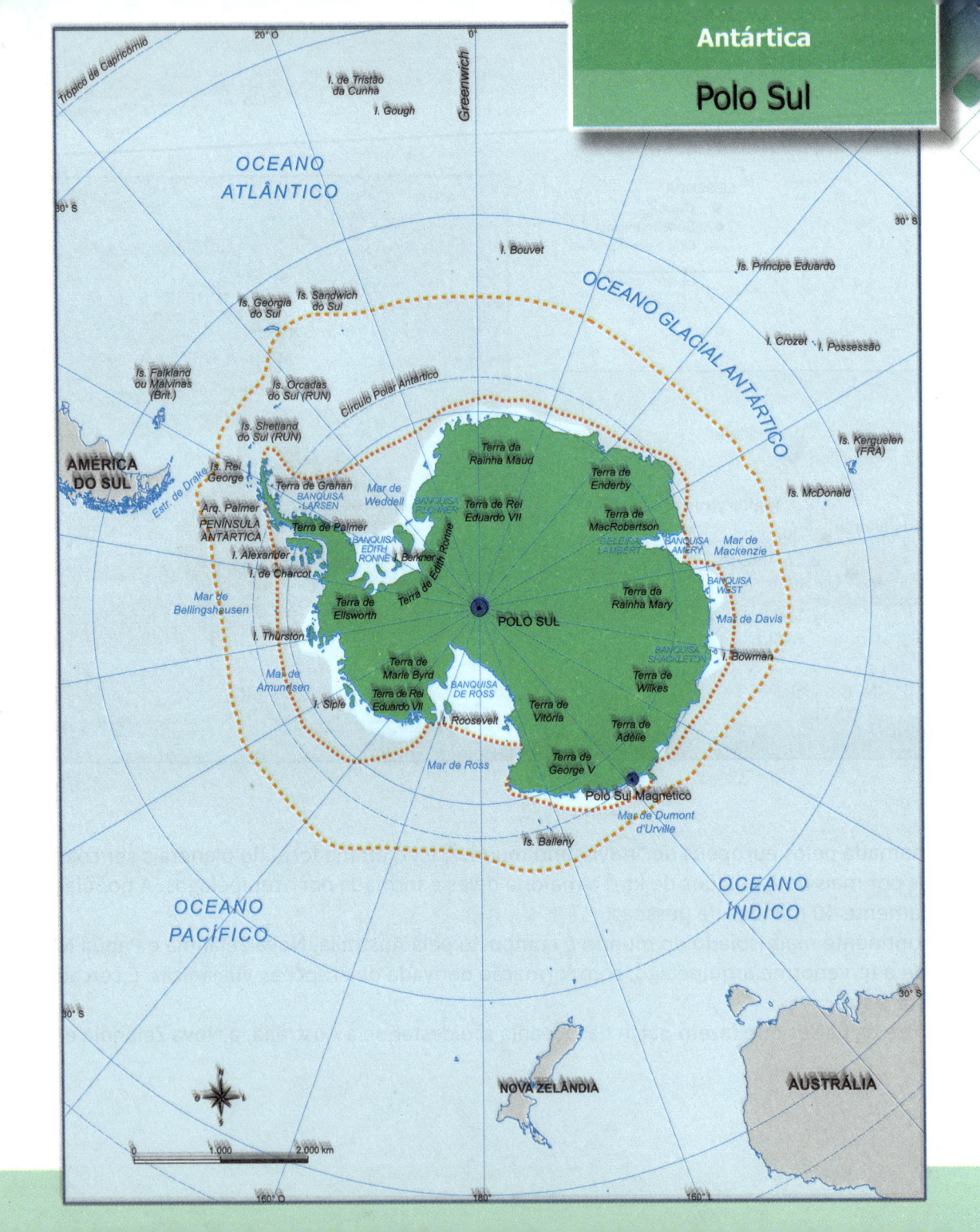

Calota Polar Ártica
Polo Norte

O Ártico é a região no Pólo Norte que se encontra dentro do Círculo Polar Ártico (paralelo que limita o Pólo Norte do planeta) e abrange algumas localidades ao redor onde a temperatura no verão inferior a 10ºC. Fazem parte da região Ártica territórios da Rússia, Escandinávia, Alasca, Canadá, Groenlândia e o Oceano Ártico.

LEGENDA
- Limite mínimo do gelo oceânico (verão)
- Limite máximo do gelo oceânico (inverno)

Projeção Azimutal Equidistante

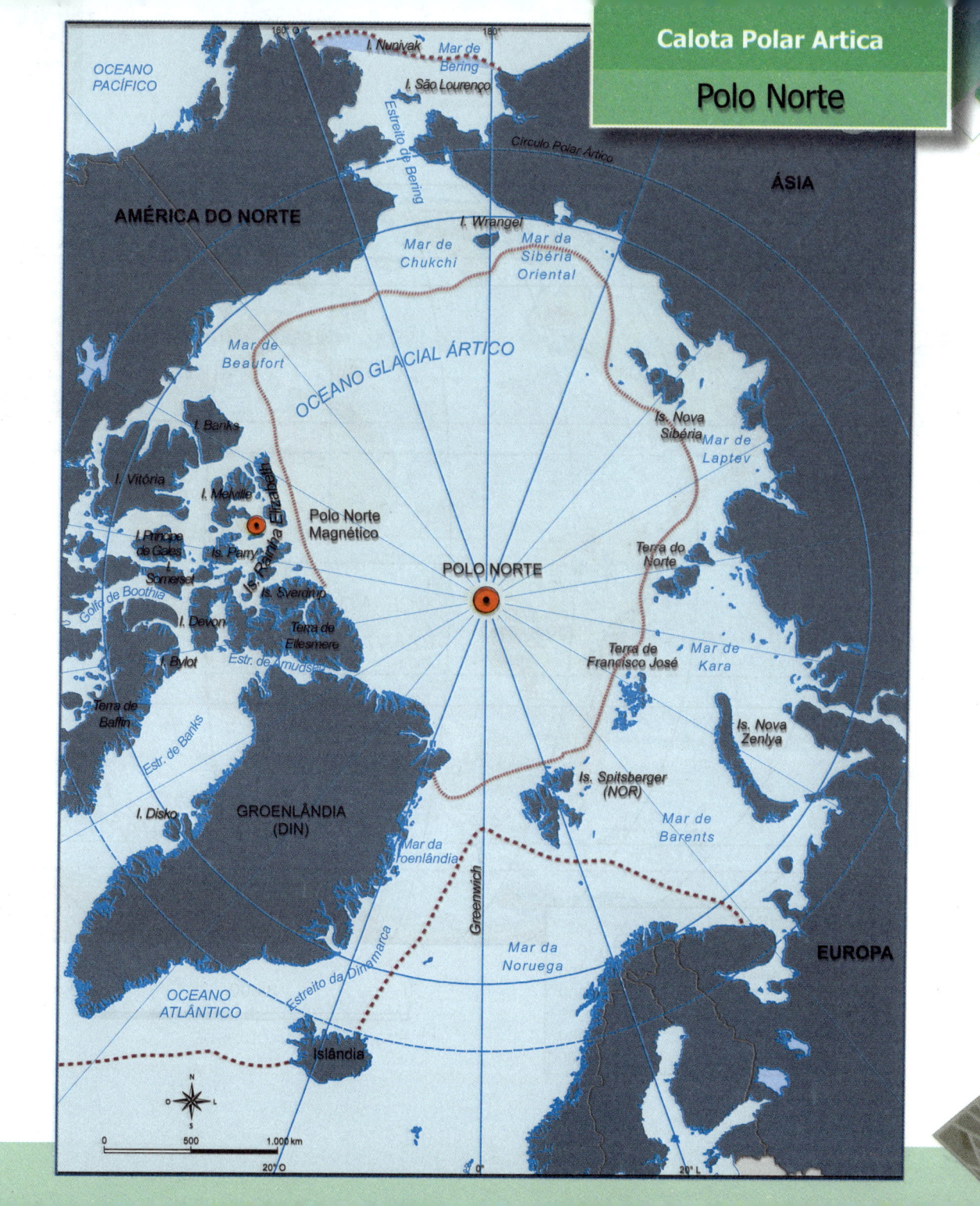

Planisfério

Físico

LEGENDA

Altitude (em metros)

- Acima de 2.000
- 2.000
- 500
- 200
- Depressão
- 0
- -2.000
- -4.000
- -6.000
- -8.000
- -10.000

0 — 3.600 — 7.200 km

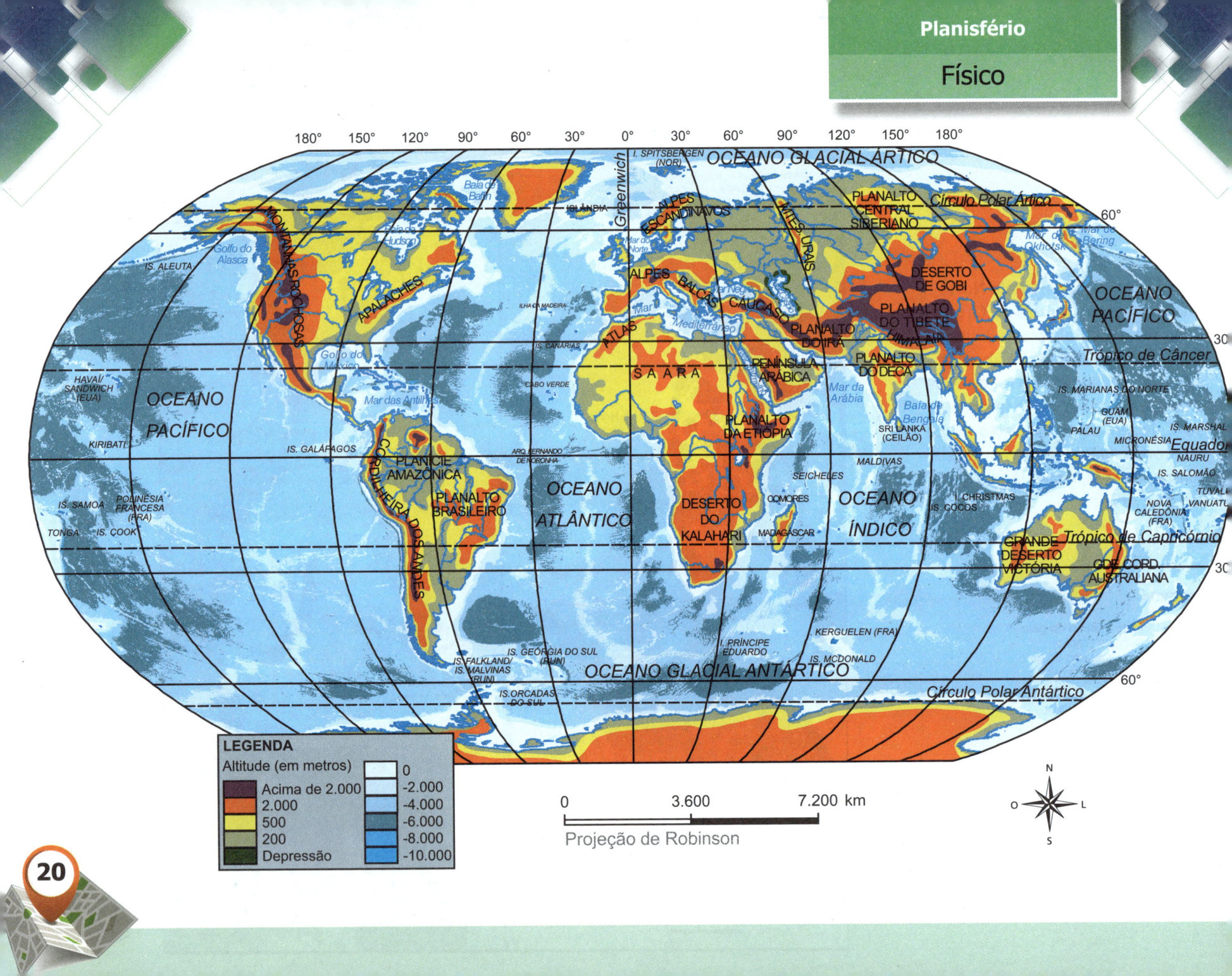

Projeção de Robinson

Bandeiras Mundiais

A China possui o mais rigoroso controle de natalidade do mundo. Cada casal pode ter apenas um filho. Como os casais dão preferência para filhos homens, o número de bebês do sexo masculino é maior do que os do feminino. Para cada 100 meninas, nascem 119 meninos.

AFEGANISTÃO (Oriente Médio)
Capital: Kabul
Língua: pachto e dari
Área: 652 230 km²

ÁFRICA DO SUL (África)
Capital: Pretória
Língua: africaner e inglês
Área: 1 219 090 km²

ALBÂNIA (Europa)
Capital: Tirana
Língua: albanês
Área: 28 750 km²

ALEMANHA (Europa)
Capital: Berlim
Língua: alemão
Área: 357 120 km²

ANDORRA (Europa)
Capital: Andorra
Língua: catalão
Área: 470 km²

ANGOLA (África)
Capital: Luanda
Língua: português
Área: 1 246 700 km²

ANTÍGUA E BARBUDA (América Central)
Capital: Saint John´s
Língua: inglês
Área: 440 km²

ARÁBIA SAUDITA (Oriente Médio)
Capital: Riad
Língua: árabe
Área: 2 149 690 km²

ARGÉLIA (África)
Capital: Argel
Língua: árabe
Área: 2 381 740 km²

ARGENTINA (América do Sul)
Capital: Buenos Aires
Língua: espanhol
Área: 2 780 400 km²

ARMÊNIA (Europa)
Capital: Ierevan
Língua: armênio
Área: 29 740 km²

AUSTRÁLIA (Oceania)
Capital: Camberra
Língua: inglês
Área: 7 741 220 km²

ÁUSTRIA (Europa)
Capital: Viena
Língua: alemão
Área: 83 870 km²

AZERBAIJÃO (Europa)
Capital: Baku
Língua: azerbaijano
Área: 86 600 km²

BAHAMAS (América Central)
Capital: Nassau
Língua: inglês
Área: 13 880 km²

BANGLADESH (Ásia)
Capital: Dacca
Língua: bengali
Área: 144 000 km²

BARBADOS (América Central)
Capital: Bridgetown
Língua: inglês
Área: 430 km²

BAREIN (Oriente Médio)
Capital: Manama
Língua: árabe
Área: 710 km²

BELARUS (BIELORÚSSIA) (Europa)
Capital: Minsk
Língua: bielo-russo e russo
Área: 207 600 km²

BÉLGICA (Europa)
Capital: Bruxelas
Língua: francês, alemão e holandês
Área: 30 530 km²

BELIZE (América Central)
Capital: Belmopan
Língua: inglês
Área: 22 970 km²

BENIN (África)
Capital: Porto Novo
Língua: francês
Área: 112 620 km²

BOLÍVIA (América do Sul)
Capital: La Paz
Língua: espanhol, quíchua e aimará
Área: 1 098 580 km²

BÓSNIA-HERZEGOVINA (Europa)
Capital: Sarajevo
Língua: bósnio
Área: 51 210 km²

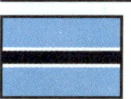

BOTSUANA (África)
Capital: Gaborone
Língua: inglês
Área: 581 730 km²

BRASIL[1] (América do Sul)
Capital: Brasília
Língua: português
Área: 8 514 876 km²

BRUNEI (Sudeste Asiático)
Capital: Bandar Seri Begawan
Língua: malaio
Área: 5 770 km²

BULGÁRIA (Europa)
Capital: Sófia
Língua: búlgaro
Área: 111 000 km²

BURKINA FASO (África)
Capital: Ouagadougou
Língua: francês
Área: 274 000 km²

BURUNDI (África)
Capital: Bujumbura
Língua: francês e quirundi
Área: 27 830 km²

BUTÃO (Ásia)
Capital: Timphu
Língua: zoncá
Área: 38 394 km²

CABO VERDE (África)
Capital: Praia
Língua: português
Área: 4 030 km²

CAMARÕES (África)
Capital: Laundé
Língua: francês e inglês
Área: 475 440 km²

CAMBOJA (Sudeste Asiático)
Capital: Phnom Penh
Língua: khmer
Área: 181 040 km²

CANADÁ (América do Norte)
Capital: Ottawa
Língua: inglês e francês
Área: 9 984 670 km²

CASAQUISTÃO (Ásia)
Capital: Astana
Língua: casaque
Área: 2 724 900 km²

CATAR (Oriente Médio)
Capital: Doha
Língua: árabe
Área: 11 590 km²

CHADE (África)
Capital: Ndjamena
Língua: árabe e francês
Área: 1 284 000 km²

CHILE (América do Sul)
Capital: Santiago
Língua: espanhol
Área: 756 090 km²

CHINA (Ásia)
Capital: Beijing (Pequim)
Língua: mandarim
Área: 9 598 089 km²

CHIPRE (Oriente Médio)
Capital: Nicósia
Língua: grego e turco
Área: 9 250 km²

CINGAPURA (Sudeste Asiático)
Capital: Cidade de Cingapura
Língua: malaio, mandarim, tamil e inglês
Área: 707 km²

Bandeiras Mundiais

COLÔMBIA (América do Sul)
Capital: Bogotá
Língua: espanhol
Área: 1 141 750 km²

COMORES (África)
Capital: Moroni
Língua: árabe, francês e comorense
Área: 1 860 km²

CONGO (África)
Capital: Brazzaville
Língua: francês
Área: 342 000 km²

COREIA DO NORTE (Ásia)
Capital: Pyongyang
Língua: coreano
Área: 120 540 km²

COREIA DO SUL (Ásia)
Capital: Seul
Língua: coreano
Área: 99 720 km²

COSTA DO MARFIM (África)
Capital: Abidjan
Língua: francês
Área: 322 460 km²

COSTA RICA (América Central)
Capital: São José
Língua: espanhol
Área: 51 100 km²

CROÁCIA (Europa)
Capital: Zagreb
Língua: croata
Área: 56 590 km²

CUBA (América Central)
Capital: Havana
Língua: espanhol
Área: 110 860 km²

DINAMARCA (Europa)
Capital: Copenhague
Língua: dinamarquês
Área: 43 090 km²

DJIBUTI (África)
Capital: Djibuti
Língua: árabe e francês
Área: 23 200 km²

DOMINICA (América Central)
Capital: Roseau
Língua: inglês
Área: 750 km²

EGITO (Oriente Médio)
Capital: Cairo
Língua: árabe
Área: 1 001 450 km²

EL SALVADOR (América Central)
Capital: São Salvador
Língua: espanhol
Área: 21 040 km²

EMIRADOS ÁRABES UNIDOS (Oriente Médio)
Capital: Abu Dhabi
Língua: árabe
Área: 83 600 km²

EQUADOR (América do Sul)
Capital: Quito
Língua: espanhol
Área: 283 560 km²

ERITREIA (África)
Capital: Asmara
Língua: árabe e tigrina
Área: 117 600 km²

ESLOVÁQUIA (Europa)
Capital: Bratislava
Língua: eslovaco
Área: 49 030 km²

ESLOVÊNIA (Europa)
Capital: Liubliana
Língua: esloveno
Área: 20 270 km²

ESPANHA (Europa)
Capital: Madrid
Língua: espanhol
Área: 505 370 km²

ESTADOS UNIDOS DA AMÉRICA (América do Norte)
Capital: Washington D.C.
Língua: inglês
Área: 9 632 030 km²

ESTÔNIA (Europa)
Capital: Tallinn
Língua: estoniano
Área: 45 230 km²

ETIÓPIA (África)
Capital: Adis-Abeba
Língua: amárico
Área: 1 104 300 km²

FIJI (Oceania)
Capital: Suva
Língua: fijano e inglês
Área: 18 270 km²

FILIPINAS (Sudeste Asiático)
Capital: Manila
Língua: filipino e inglês
Área: 300 000 km²

FINLÂNDIA (Europa)
Capital: Helsinque
Língua: finlandês e sueco
Área: 338 420 km²

FRANÇA (Europa)
Capital: Paris
Língua: francês
Área: 549 190 km²

GABÃO (África)
Capital: Libreville
Língua: francês
Área: 267 670 km²

GÂMBIA (África)
Capital: Banjul
Língua: inglês
Área: 11 300 km²

GANA (África)
Capital: Acra
Língua: inglês
Área: 238 540 km²

GEÓRGIA (Europa)
Capital: Tbilisi
Língua: georgiano
Área: 69 700 km²

GRANADA (América Central)
Capital: St. George's
Língua: inglês
Área: 340 km²

GRÉCIA (Europa)
Capital: Atenas
Língua: grego
Área: 131 960 km²

GUATEMALA (América Central)
Capital: Cidade da Guatemala
Língua: espanhol
Área: 108 890 km²

GUIANA (América do Sul)
Capital: Georgetown
Língua: inglês
Área: 214 970 km²

GUINÉ (África)
Capital: Conacri
Língua: francês
Área: 245 860 km²

GUINÉ-BISSAU (África)
Capital: Bissau
Língua: português
Área: 36 120 km²

GUINÉ EQUATORIAL (África)
Capital: Malabo
Língua: espanhol e francês
Área: 28 050 km²

HAITI (América Central)
Capital: Porto Príncipe
Língua: francês e crioulo
Área: 27 750 km²

HOLANDA (Europa)
Capital: Amsterdã
Língua: holandês
Área: 41 530 km²

HONDURAS (América Central)
Capital: Tegucigalpa
Língua: espanhol
Área: 112 090 km²

HUNGRIA (Europa)
Capital: Budapeste
Língua: húngaro
Área: 93 030 km²

Cuba não se resume a uma ilha, mas a um arquipélago formado por mais de 1 500 ilhas. As maiores são a Ilha de Cuba e a Ilha da Juventude.

Bandeiras Mundiais

Apesar da língua oficial ser o espanhol, são faladas 62 línguas indígenas no México. Detalhe: a maior parte da população mexicana tem antepassados indígenas (mais da metade é mestiça).

IÊMEN (Oriente Médio)
Capital: Sana
Língua: árabe
Área: 527 970 km²

ILHAS MARSHALL (Oceania)
Capital: Dalap-Uliga-Darrit
Língua: inglês e marshallês
Área: 180 km²

ILHAS SALOMÃO (Oceania)
Capital: Honiara
Língua: inglês
Área: 28 900 km²

ÍNDIA (Ásia)
Capital: Nova Délhi
Língua: hindi e inglês
Área: 3 287 260 km²

INDONÉSIA (Sudeste Asiático)
Capital: Jacarta
Língua: indonésio
Área: 1 904 570 km²

INGLATERRA (Europa)
Capital: Londres
Língua: inglês
Área: 130.279 km²

IRÃ (Oriente Médio)
Capital: Teerã
Língua: persa
Área: 1 745 150 km²

IRAQUE (Oriente Médio)
Capital: Bagdá
Língua: árabe
Área: 438 320 km²

IRLANDA (Europa)
Capital: Dublin
Língua: irlandês e inglês
Área: 70 280 km²

ISLÂNDIA (Europa)
Capital: Reykjavik
Língua: islandês
Área: 103 000 km²

ISRAEL (Oriente Médio)
Capital: Jerusalém
Língua: hebraico e árabe
Área: 22 070 km²

ITÁLIA (Europa)
Capital: Roma
Língua: italiano
Área: 301 340 km²

JAMAICA (América Central)
Capital: Kingston
Língua: inglês
Área: 10 990 km²

JAPÃO (Ásia)
Capital: Tóquio
Língua: japonês
Área: 377 930 km²

JORDÂNIA (Oriente Médio)
Capital: Amã
Língua: árabe
Área: 88 780 km²

KIRIBATI (Oceania)
Capital: Bairiki
Língua: ikiribati
Área: 810 km²

KUWAIT (Oriente Médio)
Capital: Cidade do Kuwait
Língua: árabe
Área: 17 820 km²

LAOS (Sudeste Asiático)
Capital: Vietiane
Língua: laosiano
Área: 236 800 km²

LESOTO (África)
Capital: Maseru
Língua: inglês e sessoto
Área: 30 350 km²

LETÔNIA (Europa)
Capital: Riga
Língua: letão
Área: 64 590 km²

LÍBANO (Oriente Médio)
Capital: Beirute
Língua: árabe
Área: 10 400 km²

LIBÉRIA (África)
Capital: Monróvia
Língua: inglês
Área: 111 370 km²

LÍBIA (África)
Capital: Trípole
Língua: árabe
Área: 1 759 540 km²

LIECHTENSTEIN (Europa)
Capital: Vaduz
Língua: alemão
Área: 160 km²

LITUÂNIA (Europa)
Capital: Vilnius
Língua: lituano
Área: 65 300 km²

LUXEMBURGO (Europa)
Capital: Luxemburgo
Língua: luxemburguês
Área: 2 590 km²

MACEDÔNIA (Europa)
Capital: Skopje
Língua: macedônio
Área: 25 710 km²

MADAGÁSCAR (África)
Capital: Antananarivo
Língua: francês e malgaxe
Área: 587 040 km²

MALÁSIA (Sudeste Asiático)
Capital: Kuala Lampur
Língua: malaio
Área: 329 740 km²

MALAUÍ (África)
Capital: Lilongue
Língua: inglês e chicheua
Área: 118 480 km²

MALDIVAS (Ásia)
Capital: Male
Língua: dhivehi
Área: 300 km²

MALI (África)
Capital: Bamaco
Língua: francês
Área: 1 240 190 km²

MALTA (Europa)
Capital: Valeta
Língua: maltês e inglês
Área: 320 km²

MARROCOS (África)
Capital: Rabat
Língua: árabe
Área: 446 550 km²

MAURÍCIO (África)
Capital: Port Louis
Língua: inglês
Área: 2 040 km²

MAURITÂNIA (África)
Capital: Nuakchott
Língua: árabe
Área: 1 030 700 km²

MÉXICO (América do Norte)
Capital: Cidade do México
Língua: espanhol
Área: 1 964 380 km²

MIANMA (Ásia)
Capital: Rangoon
Língua: birmanês
Área: 676 590 km²

MICRONÉSIA (Oceania)
Capital: Palikir
Língua: inglês e línguas regionais
Área: 700 km²

MOÇAMBIQUE (África)
Capital: Maputo
Língua: português
Área: 799 380 km²

MOLDÁVIA (Europa)
Capital: Chisinau
Língua: romeno
Área: 33 850 km²

MÔNACO (Europa)
Capital: Cidade de Mônaco
Língua: francês
Área: 2 km²

23

Bandeiras Mundiais

MONGÓLIA (Ásia)
Capital: Ulan Bator
Língua: mongol
Área: 1 564 120 km²

MONTENEGRO (Europa)
Capital: Podgorica
Língua: montenegrino e sérvio
Área: 13 810 km²

NAMÍBIA (África)
Capital: Windhoek
Língua: inglês
Área: 824 290 km²

NAURU (Oceania)
Capital: Yaren
Língua: nauruense e inglês
Área: 20 km²

NEPAL (Ásia)
Capital: Katmandu
Língua: nepali
Área: 147 180 km²

NICARÁGUA (América Central)
Capital: Manágua
Língua: espanhol
Área: 130 370 km²

NÍGER (África)
Capital: Niamei
Língua: francês
Área: 1 267 000 km²

NIGÉRIA (África)
Capital: Abuja
Língua: inglês
Área: 923 770 km²

NORUEGA (Europa)
Capital: Oslo
Língua: norueguês
Área: 323 800 km²

NOVA ZELÂNDIA (Oceania)
Capital: Wellington
Língua: inglês e maori
Área: 267 710 km²

OMÃ (Oriente Médio)
Capital: Mascate
Língua: árabe
Área: 309 500 km²

PALAU (Oceania)
Capital: Melekeok
Língua: inglês e palauense
Área: 460 km²

PANAMÁ (América Central)
Capital: Cidade do Panamá
Língua: espanhol
Área: 75 420 km²

PAPUA NOVA GUINÉ (Oceania)
Capital: Port Moresby
Língua: inglês, inglês dialetal e motu
Área: 462 840 km²

PAQUISTÃO (Ásia)
Capital: Islamabad
Língua: urdu
Área: 796 100 km²

PARAGUAI (América do Sul)
Capital: Assunção
Língua: espanhol e guarani
Área: 406 750 km²

PERU (América do Sul)
Capital: Lima
Língua: espanhol, quíchua e aimará
Área: 1 285 220 km²

POLÔNIA (Europa)
Capital: Varsóvia
Língua: polonês
Área: 312 680 km²

PORTUGAL (Europa)
Capital: Lisboa
Língua: português
Área: 92 120 km²

QUÊNIA (África)
Capital: Nairóbi
Língua: suaíle
Área: 580 370 km²

QUIRGUISTÃO (Ásia)
Capital: Bishkek
Língua: quirguiz
Área: 199 950 km²

REPÚBLICA CENTRO AFRICANA (África)
Capital: Bangui
Língua: francês
Área: 623 000 km²

REPÚBLICA DEMOCRÁTICA DO CONGO (África)
Capital: Kinshasa
Língua: francês
Área: 2 344 860 km²

REPÚBLICA DOMINICANA (América Central)
Capital: São Domingo
Língua: espanhol
Área: 48 670 km²

REPÚBLICA TCHECA (Europa)
Capital: Praga
Língua: tcheco
Área: 78 870 km²

ROMÊNIA (Europa)
Capital: Bucareste
Língua: romeno
Área: 238 390 km²

RUANDA (África)
Capital: Kigali
Língua: francês, quiniaruanda e inglês
Área: 26 340 km²

RÚSSIA (FEDERAÇÃO RUSSA) (Europa e Ásia)
Capital: Moscou
Língua: russo
Área: 17 098 240 km²

SAMOA (Oceania)
Capital: Ápia
Língua: samoano e inglês
Área: 2 840 km²

SAN MARINO (Europa)
Capital: San Marino
Língua: italiano
Área: 60 km²

SANTA LÚCIA (América Central)
Capital: Castries
Língua: inglês
Área: 620 km²

SÃO CRISTÓVÃO E NEVIS (América Central)
Capital: Basseterre
Língua: inglês
Área: 260 km²

SÃO TOMÉ E PRÍNCIPE (África)
Capital: São Tomé
Língua: português
Área: 960 km²

SÃO VICENTE E GRANADINAS (América Central)
Capital: Kingstown
Língua: inglês
Área: 390 km²

SEICHELLES (África)
Capital: Vitória
Língua: crioulo
Área: 460 km²

SENEGAL (África)
Capital: Dacar
Língua: francês
Área: 196 720 km²

SERRA LEOA (África)
Capital: Freetown
Língua: inglês
Área: 71 740 km²

SÉRVIA[2] (Europa)
Capital: Belgrado
Língua: sérvio
Área: 88 360 km²

SÍRIA (Oriente Médio)
Capital: Damasco
Língua: árabe
Área: 185 180 km²

SOMÁLIA (África)
Capital: Mogadíscio
Língua: árabe e somali
Área: 637 660 km²

SRI LANKA (CEILÃO) (Ásia)
Capital: Colombo
Língua: sinhala e tâmil
Área: 65 610 km²

SUAZILÂNDIA (África)
Capital: Mbabane
Língua: inglês e sussuáti
Área: 17 360 km²

A Rússia é o maior país do mundo, ocupando 1/9 da área terrestre. Sua área é de cerca de 17 075 400, mais do dobro da brasileira. Ela domina metade da Europa e 1/3 do continente asiático.

Bandeiras Mundiais

Apesar de possuir menos gente do que a cidade de São Paulo, a Suíça é um país densamente povoado, com 186 habitantes por quilômetro quadrado. A explicação é simples: além de ser pequena, a Suíça é montanhosa. Os alpes tomam cerca de 60% do seu território.

SUDÃO (África)
Capital: Cartum
Língua: árabe
Área: 2 505 810 km²

SUÉCIA (Europa)
Capital: Estocolmo
Língua: sueco
Área: 450 290 km²

SUÍÇA (Europa)
Capital: Berna
Língua: alemão, francês e italiano
Área: 41 280 km²

SURINAME (América do Sul)
Capital: Paramaribo
Língua: holandês
Área: 163 820 km²

TADJIQUISTÃO (Ásia)
Capital: Duchambe
Língua: tadjique
Área: 142 550 km²

TAILÂNDIA (Sudeste Asiático)
Capital: Bangcoc
Língua: tai
Área: 513 120 km²

TANZÂNIA (África)
Capital: Dodoma
Língua: suaíle e inglês
Área: 947 300 km²

TIMOR LESTE (Sudeste Asiático)
Capital: Dili
Língua: português e tétum
Área: 14 870 km²

TOGO (África)
Capital: Lomé
Língua: francês
Área: 56 790 km²

TONGA (Oceania)
Capital: Nukualofa
Língua: tonganês e inglês
Área: 750 km²

TRINIDAD E TOBAGO (América Central)
Capital: Port of Spain
Língua: inglês
Área: 5 130 km²

TUNÍSIA (África)
Capital: Túnis
Língua: árabe
Área: 163 610 km²

TURCOMENISTÃO (Ásia)
Capital: Ashkhabad
Língua: turcomano
Área: 488 100 km²

TURQUIA (Europa e Oriente Médio)
Capital: Ankara
Língua: turco
Área: 783 560 km²

TUVALU (Oceania)
Capital: Fongafale
Língua: inglês e tuvaluano
Área: 30 km²

UCRÂNIA (Europa)
Capital: Kiev
Língua: ucraniano
Área: 603 550 km²

UGANDA (África)
Capital: Campala
Língua: inglês
Área: 241 040 km²

URUGUAI (América do Sul)
Capital: Montevidéu
Língua: espanhol
Área: 176 220 km²

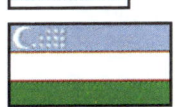

UZBEQUISTÃO (Ásia)
Capital: Tashkent
Língua: uzbeque
Área: 447 400 km²

VANUATU (Oceania)
Capital: Porto-Vila
Língua: bislama, francês e inglês
Área: 12 190 km²

VATICANO (Europa)
Capital: Cidade do Vaticano
Língua: italiano e latim
Área: 0,5 km²

VENEZUELA (América do Sul)
Capital: Caracas
Língua: espanhol
Área: 912 050 km²

VIETNÃ (Sudeste Asiático)
Capital: Hanói
Língua: vietnamita
Área: 331 212 km²

ZÂMBIA (África)
Capital: Lusaca
Língua: inglês
Área: 752 610 km²

ZIMBÁBUE (África)
Capital: Harare
Língua: inglês
Área: 390 760 km²

O Brasil possui uma ampla área territorial, que totaliza 8.514.976 km², sendo o quinto maior país existente, atrás de Rússia, Canadá, China e Estados Unidos. A título de comparação, a área da Europa (menos a Rússia) é de aproximadamente 6.220.000 km².

A população do Brasil historicamente concentra-se no litoral, sobretudo na região Sudeste, que, desde o período da economia cafeeira, transformou-se no centro econômico do país.

O território nacional encontra-se em três hemisférios diferentes: oeste, uma pequena parte no norte e a maior parte no sul. Faz fronteira com todos os países sul-americanos, com exceção do Chile e Equador.

Brasil
Político

Brasil

Físico

LEGENDA

Altitude (em metros)
- Acima de 800
- Até 800
- Até 500
- Até 200
- 0
- Até -2.000
- Até -4.000
- Abaixo de -4.000

Brasil

Densidade Demográfica

A densidade demográfica é um conceito populacional referente à média do número de pessoas residentes por unidade de área em uma dada localidade e é geralmente medida na relação habitante por quilômetro quadrado. No Brasil, o estudo da densidade demográfica, em termos gerais e também regionais, permite-nos facilmente observar a má distribuição da população pelo território nacional.

De acordo com a estimativa oficial do IBGE realizada para a população Brasileira no ano de 2016, o número de habitantes do país é de 204.450.649. Ao mesmo tempo, a área territorial oficial do país é de 8.515.767,049 km². Dessa forma, ao calcularmos a densidade demográfica do Brasil, temos que:

D = H / T (densidade demográfica é igual ao número de habitantes pela área territorial)
D = 204.450.649 hab. / 8.515.767,049 km²

Habitantes por km²
- menos de 1,0
- 1,1 a 10,0
- 10,1 a 25,0
- 25,1 a 100,0
- mais de 100

População

Densidade demográfica	24,9 hab/km²
Homens	100.955.522 habitantes
Mulheres	103.495.127 habitantes
População residente em área rural	14,57 %
População residente em área urbana	85,43 %
População total	204.450.649 habitantes
Taxa bruta de mortalidade	6 por mil
Taxa bruta de natalidade	15 por mil
Taxa média anual do crescimento da população	0,909 %

Brasil

Temperaturas

LEGENDA

Quente (média > 18°C em todos os meses do ano)
- Superúmido sem seca/subseca
- Úmido com 1 a 3 meses secos
- Semiúmido com 4 a 5 meses secos
- Semiárido com 6 a 8 meses secos
- Semiárido com 9 a 11 meses secos

Subquente (média entre 15°C e 18°C em pelo menos um mês)
- Superúmido sem seca/subseca
- Úmido com 1 a 3 meses secos
- Semiúmido com 4 a 5 meses secos

Mesotérmico Brando (média entre 10°C e 15°C)
- Superúmido sem seca/subseca
- Úmido com 1 a 3 meses secos
- Semiúmido com 4 a 5 meses secos

Mesotérmico Mediano (média < 10°C)
- Úmido com 1 a 3 meses secos

Brasil
Bacias Hidrográficas

LEGENDA

Região Hidrográfica
- Amazônica
- Tocantins-Araguaia
- Atlântico Nordeste Ocidental
- Parnaíba
- Atlântico Nordeste Oriental
- São Francisco
- Atlântico Leste
- Atlântico Sudeste
- Paraná
- Paraguai
- Uruguai
- Atlântico Sul

Brasil

Chuvas

LEGENDA

Precipitação média anual*

- 3.000
- 2.400
- 2.100
- 1.800
- 1.500
- 1.200
- 900
- 600
- 300

*No período de 1931 a 1980.
Fonte: INMET, 2004.

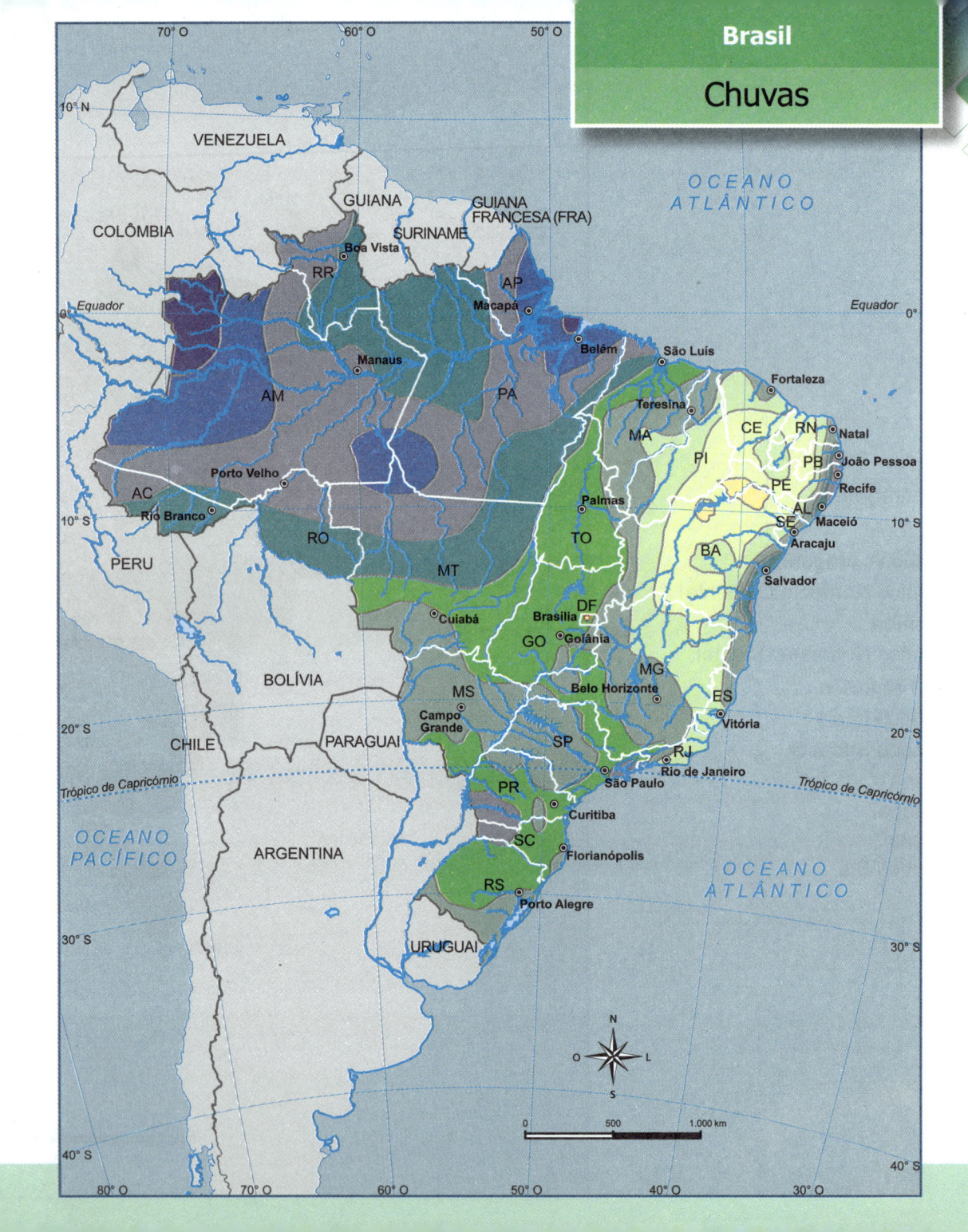

Brasil

Climas

LEGENDA
- Equatorial
- Temperado
- Tropical Brasil Central
- Tropical Nordeste Oriental
- Tropical Zona Equatorial

33

Brasil

Vegetação

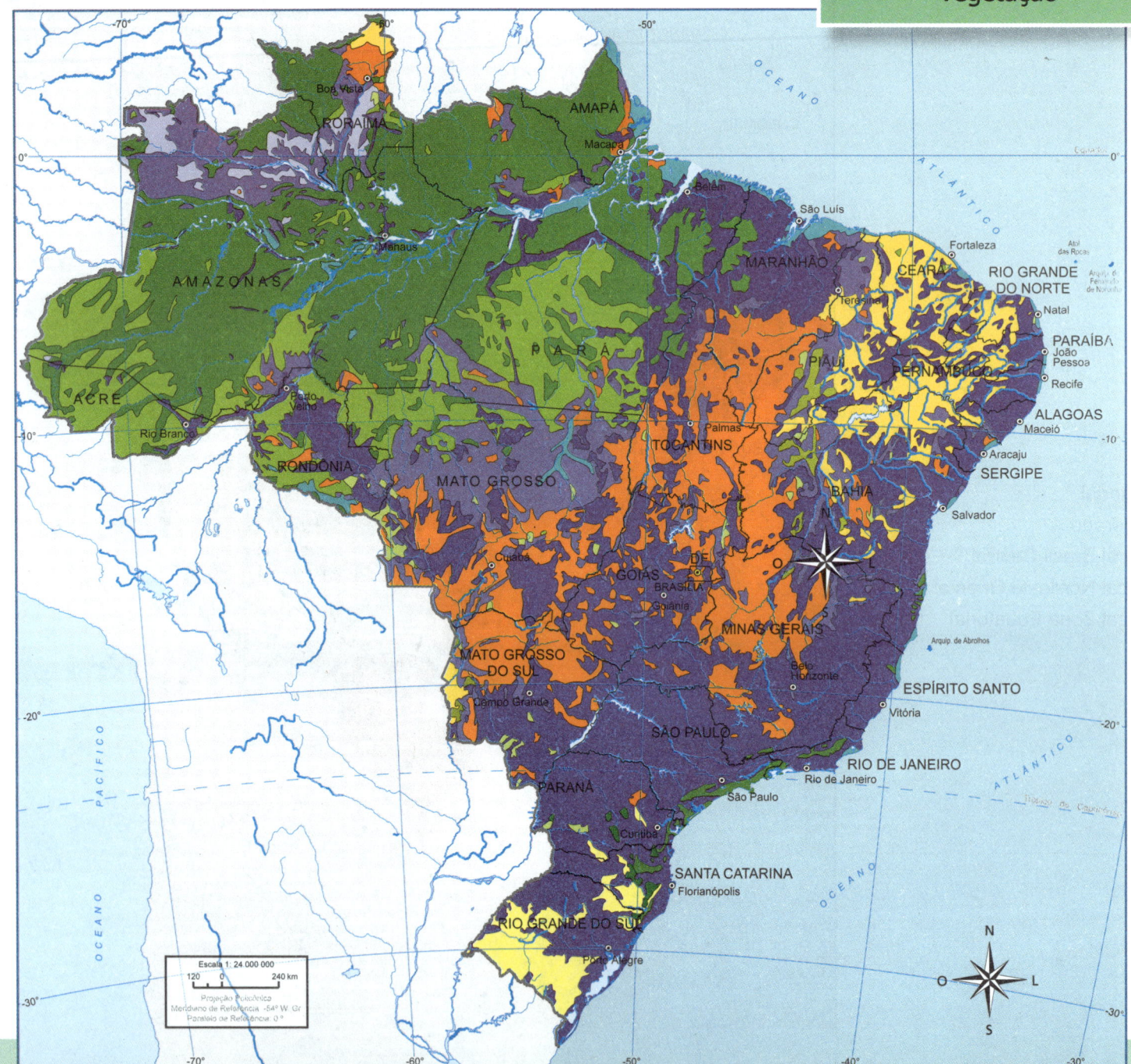

Regiões fitoecológicas ou tipos de vegetação

- Floresta ombrófila densa (Floresta tropical pluvial)
- Floresta ombrófila aberta (Fasciações da Floresta ombrófila densa)
- Floresta ombrófila mista (Floresta de araucária)
- Floresta estacional semidecidual (Floresta tropical subcaducifólia)
- Floresta estacional decidual (Floresta tropical caducifólia)
- Campinarana (Caatinga da Amazônia, Caatinga-gapó e Campina da
- Savana (Cerrado)
- Savana estépica (Caatinga do Sertão Árido, Campos de Roraima, Chaco Sul-Mato-Grossense e Parque do Espinilho da Barra do Rio Qua
- Estepe (Campos do Sul do Brasil)

Áreas das formações pioneiras
- Vegetação com influências marinha, fluviomarinha e fluvial

Áreas de tensão ecológica
- Contato entre tipos de vegetação

Área antropizada
- Área antropizada

Áreas cultivadas	9,91 % da área total
Áreas de pastagens permanentes	23,45 % da área total
Áreas protegidas no total do território nacional	26,26 %

O tipo de vegetação de determinada região irá depender, primordialmente, do seu tipo de clima. Entretanto, essa regra aplica-se somente a vegetações naturais ou nativas, pois a formação vegetal é o primeiro elemento da paisagem que o homem modifica e, portanto, está em constante transformação.

O espaço geográfico brasileiro abrange seis tipos de cobertura vegetal: Floresta Amazônia, Mata Atlântica, Cerrado, Caatinga, Pantanal e Pampa. Apesar de essas vegetações sofrerem com o processo de desmatamento desde o período da colonização, elas ainda recobrem uma considerável parte do território nacional.

Símbolos Nacionais

Os Símbolos Nacionais do Brasil foram definidos na Lei 5.700 de 1º de setembro de 1971. Além de estabelecer quais são os símbolos, esta lei também fez determinações sobre como devem ser usados, padrões e formatos, significados, etc. Estes símbolos são de extrema importância para nossa nação, pois representam o Brasil dentro e fora do território nacional. Logo, devem ser respeitados por todos os cidadãos brasileiros. Os Símbolos Nacionais são usados em cerimônias, documentos oficiais, eventos e localidades oficiais.

ARMAS NACIONAIS

No centro há um escudo circular sobre uma estrela verde e amarela de cinco pontas. O cruzeiro do sul está ao centro, sobre uma espada. Um ramo de café está na parte direita e um de fumo a esquerda. Uma faixa sobre a parte do punho da espada apresenta a inscrição "República Federativa do Brasil". Numa outra faixa, abaixo, apresenta-se "15 de novembro" (direita) e "de 1889" (esquerda)

BANDEIRA NACIONAL

Esfera azul, representando nosso céu estrelado, ao centro com a frase "Ordem e Progresso". São 27 estrelas, representando os 26 estados e o Distrito Federal. Losango Amarelo ao centro representando o ouro. Retângulo verde, representando nossas matas e florestas.

SELO NACIONAL

Usado para autenticar documentos oficiais e atos do governo. Usado também para autenticar diplomas e certificados emitidos por unidades de ensino reconhecidas. É representado por uma esfera com as estrelas (semelhante a da bandeira brasileira), apresentando a inscrição República Federativa do Brasil.

Bandeiras Nacionais

O Brasil é uma federação composta por 26 estados, um Distrito Federal (que contém a capital do país: Brasília).

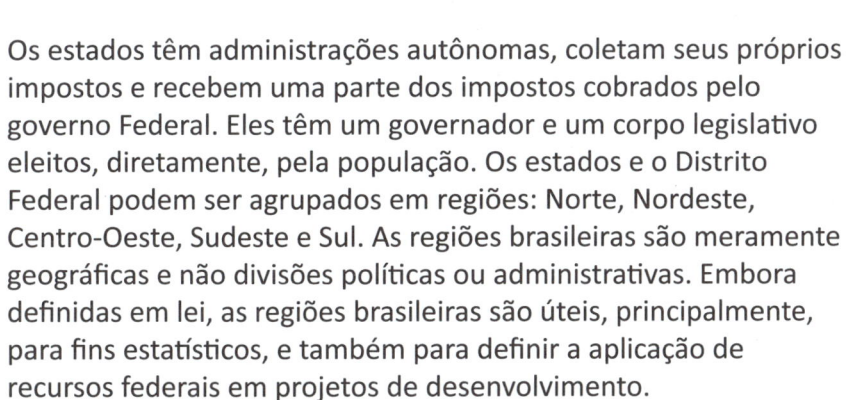

Região Nordeste

ALAGOAS (AL) — Maceió
BAHIA (BA) — Salvador
CEARÁ (CE) — Fortaleza
MARANHÃO (MA) — São Luís
PARAÍBA (PB) — João Pessoa
PERNAMBUCO (PE) — Recife
PIAUÍ (PI) — Teresina
RIO GRANDE DO NORTE (RN) — Natal
SERGIPE (SE) — Aracaju

Região Norte

ACRE (AC) — Rio Branco
AMAPÁ (AP) — Macapá
AMAZONAS (AM) — Manaus
PARÁ (PA) — Belém
RONDÔNIA (RO) — Porto Velho
RORAIMA (RR) — Boa Vista
TOCANTINS (TO) — Palmas

Região Centro-Oeste

DISTRITO FEDERAL (DF) — Brasília
GOIÁS (GO) — Goiânia
MATO GROSSO (MT) — Cuiabá
MATO GROSSO DO SUL (MS) — Campo Grande

Região Sudeste

ESPÍRITO SANTO (ES) — Vitória
MINAS GERAIS (MG) — Belo Horizonte
RIO DE JANEIRO (RJ) — Rio de Janeiro
SÃO PAULO (SP) — São Paulo

Região Sul

PARANÁ (PR) — Curitiba
RIO GRANDE DO SUL (RS) — Porto Alegre
SANTA CATARINA (SC) — Florianópolis

Os estados têm administrações autônomas, coletam seus próprios impostos e recebem uma parte dos impostos cobrados pelo governo Federal. Eles têm um governador e um corpo legislativo eleitos, diretamente, pela população. Os estados e o Distrito Federal podem ser agrupados em regiões: Norte, Nordeste, Centro-Oeste, Sudeste e Sul. As regiões brasileiras são meramente geográficas e não divisões políticas ou administrativas. Embora definidas em lei, as regiões brasileiras são úteis, principalmente, para fins estatísticos, e também para definir a aplicação de recursos federais em projetos de desenvolvimento.

A Região Norte do Brasil é a mais extensa com 3.869.637 km², composta por sete estados: Acre, Amapá, Amazonas, Pará, Rondônia, Roraima e Tocantins. Além de ser a maior região territorial, nela está localizada os dois maiores estados do Brasil: Amazonas e Pará, respectivamente. As cidades de Altamira, Barcelos e São Gabriel são as maiores cidades do Brasil em área territorial, tendo cada uma, mais de 100.000 km², sendo maiores que os estados de Sergipe, Espírito Santo, Rio de Janeiro e Alagoas juntos.

Acre
Capital	Rio Branco
População estimada 2016(1)	816.687
População 2010	733.559
Área 2015 (km²)	164.123,712
Densidade demográfica 2010 (hab/km²)	4,47
Número de Municípios	22

Pará
Capital	Belém
População estimada 2016(1)	8.272.724
População 2010	7.581.051
Área 2015 (km²)	1.247.955,381
Densidade demográfica 2010 (hab/km²)	6,07
Número de Municípios	144

Amazonas
Capital	Manaus
População estimada 2016(1)	4.001.667
População 2010	3.483.985
Área 2015 (km²)	1.559.149,074
Densidade demográfica 2010 (hab/km²)	2,23
Número de Municípios	62

Roraima
Capital	Boa Vista
População estimada 2016(1)	514.229
População 2010	450.479
Área 2015 (km²)	224.301,080
Densidade demográfica 2010 (hab/km²)	2,01
Número de Municípios	15

Amapá
Capital	Macapá
População estimada 2016(1)	782.295
População 2010	669.526
Área 2015 (km²)	142.828,523
Densidade demográfica 2010 (hab/km²)	4,69
Número de Municípios	16

Rondônia
Capital	Porto Velho
População estimada 2016(1)	1.787.279
População 2010	1.562.409
Área 2015 (km²)	237.765,376
Densidade demográfica 2010 (hab/km²)	6,58
Número de Municípios	52

É a menos povoada. Faz divisa ao sul com Mato Grosso, Goiás e a Bolívia, ao norte faz divisa com Venezuela, Suriname, Guiana, Guiana Francesa, ao leste com Maranhão, Piauí e Bahia, e a oeste com Peru e Colômbia.

Tocantins
Capital	Palmas
População estimada 2016(1)	1.532.902
População 2010	1.383.445
Área 2015 (km²)	277.720,567
Densidade demográfica 2010 (hab/km²)	4,98
Número de Municípios	139

(1) Consultar também o link http://www.ibge.gov.br/home/estatistica/populacao/estimativa2016/estimativa_tcu.shtm para verificar atualizações anteriores.

Região Norte

Político

LEGENDA
- ⊙ Capitais
- • Sedes municipais
- ---- Limite estadual
- ----- Limite internacional
- ⌒ Rios

— Projeção Policônica —

A Região Nordeste é a terceira maior região do Brasil e a maior em número de estados, possui nove: Alagoas, Bahia, Ceará, Maranhão, Paraíba, Pernambuco, Piauí, Rio Grande do Norte e Sergipe. Sua área total é de 1.561.177km², semelhante a área da Mongólia.

Alagoas
Capital	Maceió
População estimada 2016(1)	3.358.963
População 2010	3.120.494
Área 2015 (km²)	27.848,158
Densidade demográfica 2010 (hab/km²)	112,33
Número de Municípios	102

Pernambuco
Capital	Recife
População estimada 2016(1)	9.410.336
População 2010	8.796.448
Área 2015 (km²)	98.076,001
Densidade demográfica 2010 (hab/km²)	89,62
Número de Municípios	185

Bahia
Capital	Salvador
População estimada 2016(1)	15.276.566
População 2010	14.016.906
Área 2015 (km²)	564.732,642
Densidade demográfica 2010 (hab/km²)	24,82
Número de Municípios	417

Paraíba
Capital	João Pessoa
População estimada 2016(1)	3.999.415
População 2010	3.766.528
Área 2015 (km²)	56.468,427
Densidade demográfica 2010 (hab/km²)	66,70
Número de Municípios	223

Ceará
Capital	Fortaleza
População estimada 2016(1)	8.963.663
População 2010	8.452.381
Área 2015 (km²)	148.887,632
Densidade demográfica 2010 (hab/km²)	56,76
Número de Municípios	184

Piauí
Capital	Teresina
População estimada 2016(1)	3.212.180
População 2010	3.118.360
Área 2015 (km²)	251.611,934
Densidade demográfica 2010 (hab/km²)	12,40
Número de Municípios	224

Maranhão
Capital	São Luis
População estimada 2016(1)	6.954.036
População 2010	6.574.789
Área 2015 (km²)	331.936,955
Densidade demográfica 2010 (hab/km²)	19,81
Número de Municípios	217

Rio Grande do Norte
Capital	Natal
População estimada 2016(1)	3.474.998
População 2010	3.168.027
Área 2015 (km²)	52.811,110
Densidade demográfica 2010 (hab/km²)	59,99
Número de Municípios	167

Sergipe
Capital	Aracaju
População estimada 2016(1)	2.265.779
População 2010	2.068.017
Área 2015 (km²)	21.918,454
Densidade demográfica 2010 (hab/km²)	94,36
Número de Municípios	75

A Região Nordeste é a segunda mais populosa do Brasil, com cerca de 30% da população brasileira. Suas maiores cidades são Salvador, Recife, Fortaleza, Natal, Teresina e Maceió.

(1) Consultar também o link http://www.ibge.gov.br/home/estatistica/populacao/estimativa2016/estimativa_tcu.shtm para verificar atualizações anteriores.

Região Nordeste

Político

LEGENDA
- ⊙ Capitais
- • Sedes municipais
- —— Limite estadual
- —— Limite internacional
- ~ Rios

Projeção Policônica

0 — 180 — 360 km

A Região Sudeste é a mais rica e populosa do Brasil. Seus estados são: Espírito Santo, Minas Gerais, Rio de Janeiro e São Paulo. A região faz divisa com a Região Nordeste ao norte, com o oceano Atlântico ao leste, ao sul com a região Sul, e a oeste com a Região Centro-Oeste. Apesar de ser a região mais populosa do país, possui densidade demográfica de 84,21 hab./km² e ocupa apenas 11% do território nacional.

Espírito Santo
Capital	Vitória
População estimada 2016(1)	3.973.697
População 2010	3.514.952
Área 2015 (km²)	46.089,390
Densidade demográfica 2010 (hab/km²)	76,25
Número de Municípios	78

Rio de Janeiro
Capital	Rio de Janeiro
População estimada 2016(1)	16.635.996
População 2010	15.989.929
Área 2015 (km²)	43.781,566
Densidade demográfica 2010 (hab/km²)	365,23
Número de Municípios	92

Minas Gerais
Capital	Belo Horizonte
População estimada 2016(1)	20.997.560
População 2010	19.597.330
Área 2015 (km²)	586.521,235
Densidade demográfica 2010 (hab/km²)	33,41
Número de Municípios	853

São Paulo
Capital	São Paulo
População estimada 2016(1)	44.749.699
População 2010	41.262.199
Área 2015 (km²)	248.221,996
Densidade demográfica 2010 (hab/km²)	166,23
Número de Municípios	645

A Região Sudeste apresenta vários tipos de clima: tropical, tropical de altitude, subtropical, litorâneo úmido e semi-árido. O clima tropical predomina nas baixadas litorâneas do Rio de Janeiro, Espírito Santo, norte de Minas Gerais e oeste de São Paulo. Apresenta temperaturas altas, com média de 22°C, e duas estações bem marcadas: o verão que é marcado pelas chuvas, e o inverno que é seco.

O tropical de altitude predomina nas partes mais altas do relevo e mantém temperatura média amena, em torno dos 18°C. O clima Subtropical é marcado por chuvas bem distribuídas durante todo o ano, com temperatura média de 17°C, predomina na região sul do estado de São Paulo.

(1) Consultar também o link http://www.ibge.gov.br/home/estatistica/populacao/estimativa2016/estimativa_tcu.shtm para verificar atualizações anteriores.

Região Sudeste

Político

LEGENDA
- ◉ Capitais
- • Sedes municipais
- —— Limite estadual
- —— Limite internacional
- ∿ Rios

— Projeção Policônica —

43

A Região Centro-Oeste é composta pelos estados de Goiás, Mato Grosso, Mato Grosso do Sul e o Distrito Federal, onde está situada a capital do país, Brasília.

Com a mudança da capital do Brasil do Rio de Janeiro para Brasília, em 1960, houve uma grande mudança. O aumento da população e a construção de estradas e ferrovias foram intensos. Atualmente, a taxa de urbanização da região é maior que 81%. Sua área total é de 1.612.077,2 km², sendo a segunda maior região brasileira em território.

Distrito Federal
Capital	Brasília
População estimada 2016(1)	2.977.216
População 2010	2.570.160
Área 2015 (km²)	5.779,999
Densidade demográfica 2010 (hab/km²)	444,66
Número de Municípios	1

Mato Grosso do Sul
Capital	Campo Grande
População estimada 2016(1)	2.682.386
População 2010	2.449.024
Área 2015 (km²)	357.145,534
Densidade demográfica 2010 (hab/km²)	6,86
Número de Municípios	79

Goiás
Capital	Goiânia
População estimada 2016(1)	6.695.855
População 2010	6.003.788
Área 2015 (km²)	340.110,385
Densidade demográfica 2010 (hab/km²)	17,65
Número de Municípios	246

Mato Grosso
Capital	Cuiabá
População estimada 2016(1)	3.305.531
População 2010	3.035.122
Área 2015 (km²)	903.198,091
Densidade demográfica 2010 (hab/km²)	3,36
Número de Municípios	141

Existe uma grande variedade na vegetação da Região Centro-Oeste.

No norte e oeste está presente a floresta Amazônica, mas boa parte da região é coberta pelo cerrado e sua vegetação rasteira: árvores espaçadas com tronco retorcido e folhas duras e arbustos baixos.

No Mato Grosso do Sul existe uma localidade isolada de campos limpos conhecido na região como vacaria. Essa região é parecida com os pampas gaúchos. No verão são alagáveis e possui diversificada vegetação, apresentando pontos de cerrado, caatinga e campos.

(1) Consultar também o link http://www.ibge.gov.br/home/estatistica/populacao/estimativa2016/estimativa_tcu.shtm para verificar atualizações anteriores.

Região Centro-Oeste
Político

LEGENDA
- ✪ Capital do país
- ◉ Capitais
- • Sedes municipais
- —— Limite estadual
- —— Limite internacional
- ∿ Rios

Projeção Policônica

MATO GROSSO
Colniza, Apiacás, Cotriguaçu, Alta Floresta, Guarantã do Norte, Aripuanã, Colíder, Santa Terezinha, Juína, Juara, São José do Xingu, Brasnorte, Sinop, União do Sul, São Félix do Araguaia, Tapurah, Sapezal, Sorriso, Feliz Natal, Querência, Campo Novo do Parecis, Lucas do Rio Verde, Gaúcha do Norte, Canarana, Comodoro, Campos de Júlio, Nobres, Nova Lacerda, Tangará da Serra, Barra do Bugres, Cuiabá, Nova Xavantina, Pontes e Lacerda, Várzea Grande, São José da Serra, Barra do Garças, Cáceres, Poconé, Rondonópolis, Guiratinga, Alto Araguaia

GOIÁS
São Miguel do Araguaia, Divinópolis de Goiás, Porangatu, Minaçu, Mozarlândia, Posse, Niquelândia, Águas Lindas de Goiás, Planaltina, Brasília, Anápolis, Trindade, Valparaíso de Goiás, Aragarças, Baliza, Iporá, Goiânia, Caiapônia, Santa Helena de Goiás, Aparecida de Goiânia, Mineiros, Jataí, Rio Verde, Caldas Novas, Pires do Rio, Goiatuba, Catalão, Quirinópolis, Itumbiara, Aporé

DISTRITO FEDERAL — Brasília

MATO GROSSO DO SUL
Paiaguás, Promissão, Alto Taquari, Coxim, Corumbá, Rio Negro, Chapadão do Sul, Camapuã, Paranaíba, Corguinho, Inocência, Aquidauana, Água Clara, Bonito, Sidrolândia, Campo Grande, Três Lagoas, Bataguassu, Porto Murtinho, Maracaju, Rio Brilhante, Bela Vista, Dourados, Nova Andradina, Ponta Porã, Naviraí, Amambaí, Sete Quedas, Mundo Novo

Trópico de Capricórnio

A Região Sul é composta por três estados: Paraná, Santa Catarina e Rio Grande do Sul. Com 576.409,6 km² de extensão, é a menor região do Brasil fazendo fronteira com a região sudeste e centro-oeste, além dos países Uruguai, Paraguai e Argentina. Algumas cidades do Sul celebram as tradições dos imigrantes em festas típicas, como a Oktoberfest, em Blumenau (SC) e a Festa da Uva, em Caxias do Sul (RS).

Paraná
Capital	Curitiba
População estimada 2016(1)	11.242.720
População 2010	10.444.526
Área 2015 (km²)	199.307,985
Densidade demográfica 2010 (hab/km²)	52,40
Número de Municípios	399

Santa Catarina
Capital	Florianópolis
População estimada 2016(1)	6.910.553
População 2010	6.248.436
Área 2015 (km²)	95.737,895
Densidade demográfica 2010 (hab/km²)	65,27
Número de Municípios	295

Rio Grande do Sul
Capital	Porto Alegre
População estimada 2016(1)	11.286.500
População 2010	10.693.929
Área 2015 (km²)	281.737,947
Densidade demográfica 2010 (hab/km²)	37,96
Número de Municípios	497

O clima é o subtropical, exceto pelo norte do Paraná onde predomina o clima tropical. Com grandes variações de temperatura, a região sul é a mais fria do país. Durante o inverno ocorre geadas, e em algumas localidades como a região central do Paraná, e o planalto serrano do Rio Grande do Sul e Santa Catarina, pode ocorrer até neve. As estações do ano são bastante diferenciadas e as chuvas caem sobre toda a região com uma certa regularidade durante todo o ano, mas no norte do Paraná elas se concentram no verão.

(1) Consultar também o link http://www.ibge.gov.br/home/estatistica/populacao/estimativa2016/estimativa_tcu.shtm para verificar atualizações anteriores.

Região Sul

Político

LEGENDA
- ◉ Capitais
- • Sedes municipais
- ⸻ Limite estadual
- ⸻ Limite internacional
- ∿ Rios

Projeção Policônica

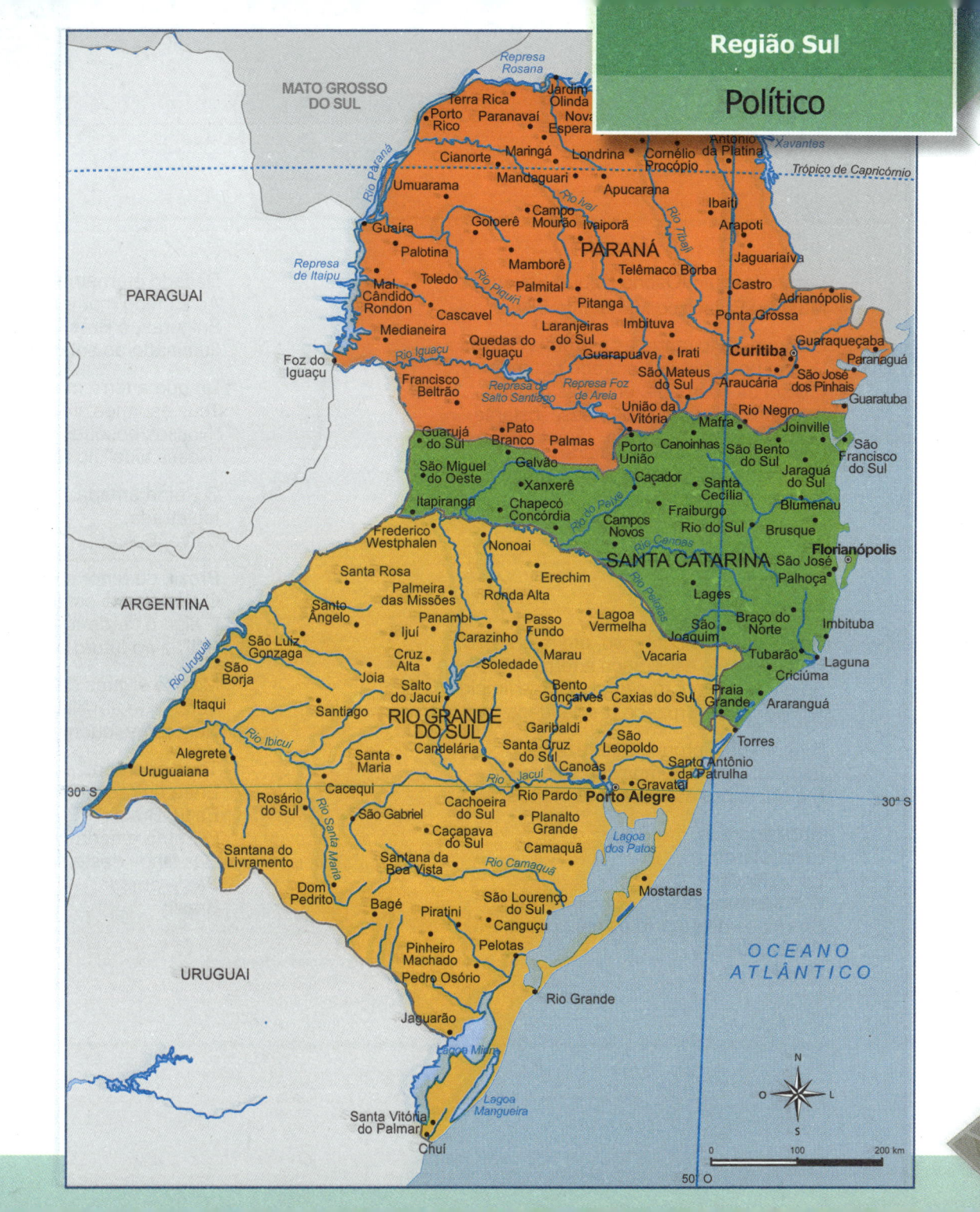

Hino Nacional Brasileiro

Letra: Joaquim Osório Duque Estrada
Música: Francisco Manuel da Silva

Ouviram do Ipiranga as margens plácidas
De um povo heroico o brado retumbante,
E o sol da liberdade, em raios fúlgidos,
Brilhou no céu da pátria nesse instante.

Se o penhor dessa igualdade
Conseguimos conquistar com braço forte,
Em teu seio, ó liberdade,
Desafia o nosso peito a própria morte!

Ó Pátria amada,
Idolatrada,
Salve! Salve!

Brasil, um sonho intenso, um raio vívido
De amor e de esperança à terra desce,
Se em teu formoso céu, risonho e límpido,
A imagem do Cruzeiro resplandece.

Gigante pela própria natureza,
És belo, és forte, impávido colosso,
E o teu futuro espelha essa grandeza.

Terra adorada,
Entre outras mil,
És tu, Brasil,
Ó Pátria amada!
Dos filhos deste solo és mãe gentil,
Pátria amada,
Brasil!

Deitado eternamente em berço esplêndido,
Ao som do mar e à luz do céu profundo,
Fulguras, ó Brasil, florão da América,
Iluminado ao sol do Novo Mundo!

Do que a terra mais garrida
Teus risonhos, lindos campos têm mais flores;
"Nossos bosques têm mais vida",
"Nossa vida" no teu seio "mais amores".

Ó Pátria amada,
Idolatrada,
Salve! Salve!

Brasil, de amor eterno seja símbolo
O lábaro que ostentas estrelado,
E diga o verde-louro desta flâmula:
– "Paz no futuro e glória no passado."

Mas se ergues da justiça a clava forte,
Verás que um filho teu não foge à luta,
Nem teme, quem te adora, a própria morte.

Terra adorada,
Entre outras mil,
És tu, Brasil,
Ó Pátria amada!
Dos filhos deste solo és mãe gentil,
Pátria amada,
Brasil!